有人机与无人机协同决策模型方法

陈 军 著

科学出版社

北 京

内 容 简 介

在信息科学、控制科学、认知科学和人工智能技术融合交叉且迅猛发展的时代背景下，人与自主智能系统协同问题研究的需求变得越来越迫切。基于有人机与无人机协同决策技术的发展趋势，本书内容聚焦有人机与无人机协同决策中"人在回路"的主要特征，提出了有人机与无人机有限干预式和认知智能交互式两种协同决策机制，重点研究了有限干预式协同障碍规避、威胁规避和攻击决策模型，有人机操作员工作负荷与认知负荷评估模型，认知智能交互式协同态势评估、威胁评估、任务分配、航路规划模型和决策仿真系统等问题。

本书可供指挥控制及智能决策系统设计、分析、研制和应用领域的科研人员和工程技术人员阅读和使用，也可供高等院校信息类相关专业的研究生、教师参考。

图书在版编目（CIP）数据

有人机与无人机协同决策模型方法 / 陈军著. —北京：科学出版社，
2022.3
ISBN 978-7-03-071844-0

Ⅰ. ①有⋯　Ⅱ. ①陈⋯　Ⅲ. ①无人驾驶飞机-自动飞行控制-研究
Ⅳ. ①V279

中国版本图书馆 CIP 数据核字（2022）第 041423 号

责任编辑：杨　丹 / 责任校对：杜子昂
责任印制：赵　博 / 封面设计：陈　敬

科学出版社 出版
北京东黄城根北街 16 号
邮政编码：100717
http://www.sciencep.com

北京科印技术咨询服务有限公司数码印刷分部印刷
科学出版社发行　各地新华书店经销

*

2022 年 3 月第 一 版　开本：720×1000　1/16
2024 年 6 月第三次印刷　印张：12 3/4
字数：256 000
定价：110.00 元
（如有印装质量问题，我社负责调换）

前　言

随着无人机技术的发展和无人机装备数量的增加及广泛使用，如何将无人机与传统的有人驾驶飞机协同使用，充分发挥各自的优势，成为国内外研究的重要课题。协同决策问题是控制科学与工程学科的研究热点，是有人机与无人机协同作战指挥控制的关键技术之一。在有人机与无人机的协同控制过程中，有人机操作员应避免直接介入无人机的底层控制系统，将更多的认知资源用于处理高层次的规划、决策和管理等任务，这种在控制领域从更低层次的技能行为向更高层次的认知行为的转变被称为"监督控制"模式；同时，由于有人机与无人机协同的异构性特征，在协同决策过程中，需要遵循特定的协同机制，既要有效利用有人机操作员的认知能力，提高对战场态势的理解、分析、判断和预测能力，又要充分发挥无人机智能决策系统在感知、运算、存储等方面的巨大潜力。

在认知科学、信息科学、控制科学和人工智能技术融合交叉且迅猛发展的时代背景下，人与自主智能系统协同问题研究的需求变得越来越迫切。因此，本书针对未来有人机与无人机协同决策技术的发展趋势，提出了有人机与无人机有限干预式和认知智能交互式两种协同决策机制，并分别介绍了具体的模型建立和方法实现过程。全书内容分为8章：第1章介绍了研究背景、意义与国内外研究现状；第2章介绍了有限干预式协同决策机制；第3章介绍了有限干预式协同决策模型；第4章介绍了认知智能交互式协同决策机制；第5章介绍了有人机操作员工作负荷与认知负荷评估模型；第6章介绍了基于认知智能交互的人机协同态势评估与威胁评估模型；第7章介绍了基于认知智能交互的人机协同任务分配与航路规划模型；第8章介绍了基于认知智能交互的有人机与无人机协同决策仿真系统。

本书为作者近年来在该领域研究成果的总结，回应了研究的热点问题，反映了最新的研究进展和趋势；技术、方法和模型力求与实际装备水平和应用场景紧密结合，充分反映了有人机与无人机协同中"人在回路中"和"人在回路上"的主要特征。

在本书的内容准备和撰写过程中，得到了高晓光教授一如既往的支持和帮助。张新伟、张齐琳、雷腾等多位研究生也参与了本书相关研究工作，对于他们做出的贡献表示感谢。

本书的出版得到了国家自然科学基金青年项目(61305133)、航空科学基金项目(2016ZC53020)、装备预研领域基金一般项目(61403120303)、国防科技创新特区项目(1716312ZT00102601)以及2021年度"西北工业大学精品学术著作培育项目"资助。

　　由于作者水平有限，书中难免存在不足之处，敬请广大读者批评指正。

陈　军

2021年10月

于西北工业大学长安校区

目　　录

第1章 绪 论

本章主要阐述有人机与无人机协同决策问题的研究背景、意义、国内外发展现状，包含主要建模与分析方法。

1.1 研究背景及意义

1.1.1 研究背景

近年来，无人机(unmanned aerial vehicle，UAV)发展迅速，作为新型作战力量，已从传统的侦察监视、水文气象等信息支援和信息保障领域，向具有攻击和杀伤能力的火力打击方向发展，在未来战争中将承担更加重要的作战任务[1]。因此随着无人机技术的发展和无人机装备数量的增加，这种新型作战力量如何真正融入作战体系，并在未来战争中充分发挥体系作战的优势，成为各国争相研究的一个重要课题[2-4]。然而面对日趋复杂和激烈的战场环境，以及战术任务的多重性与复杂性，无人机很难独自完成高强度对抗的作战任务。因此，根据未来战争对无人机的作战任务需求，结合有人机、无人机的作战特点，在信息化、网络化、智能化、体系对抗作战环境下[5]，采取有人机和无人机编队协同作战，将实现有人机与无人机之间及整个作战体系之间信息和资源的共享，以及各自优势的充分发挥，对于提高整个系统的作战效能，具有重大的军事应用价值[6]。

有人机与无人机协同，是指一架或一架以上的有人机与一架或一架以上的无人机，组成一定队形并存在指挥协同关系的一种混合编队形式，用于遂行各类作战任务。在混合编队中，无人机可以是性能较高的、功能较全面的大型无人机，也可以是性能较低、功能较为单一的小型无人机，无人机与有人机之间通过战术通用数据链进行信息交互，共同构成一个完整团队[7]。两者编队协同作战，除延续了原有作战编队的部分特征外，还大大拓展了原有编队的形式与内涵，既面临使用挑战(如建立系统协同模式、协同规则等)，也面临技术挑战(如系统有效连接的技术群)。有人机与无人机实现协同作战的基础，是具备简洁有效的无人机控制能力的有人机平台、拥有一定自主能力的无人机以及高效且可靠的数据链系统的组合。

1.1.2　研究意义

1. 有人机与无人机协同作战的必要性

(1) 适应无人机技术快速发展，促进高对抗条件实战能力提升[8]。

进入 21 世纪以来，以美军"全球鹰"和"捕食者"为代表的无人机在历次反恐战争和其他军事行动中表现出色，发挥了越来越重要的作用。2001 年 10 月阿富汗战争中，美军用挂载了"地狱火"导弹的"捕食者"无人机进行了实弹攻击，标志着无人机遂行任务从传统侦察领域向直接火力打击领域的迈进。但同时可以看到，上述军事行动的胜利都是在美军掌握制空权，没有空中激烈对抗条件下取得的。虽然无人机技术不断发展，日益完善，但无人机仍存在"固有缺点"，受自主能力水平等因素限制。目前，无人机仍多以单机方式执行作战任务，尚未具备高对抗条件下的协同作战能力，在面临具备较强对抗能力的对手时，无人机的使用将面临很大危险。

在这种情况下，提出了"蜂群作战"的概念，即让多架无人机像蜜蜂一样协同作战，发挥整体的作战能力，作战效能明显大于各自为战的无人机。但从实战角度看，由于无人机与无人机之间的协同技术尚不成熟，在协同态势感知、信息交互、智能决策等方面还有许多难关要突破，距离实战应用和推广还有较大距离。有人机与无人机组成混合编队协同作战，技术难度要小于全无人机机群作战，相对更容易实现，因此世界各国都在优先发展有人机与无人机的协同作战技术。

(2) 实现优势互补，提高作战效能。

有人机与无人机作战特点与使用方式存在很大差异：有人机综合判断能力强，无人机智能决策能力有限；有人机快速反应能力强，无人机判断识别水平低，依赖地面控制站控制；有人机战损代价大、风险高，无人机低成本、零伤亡；有人机航时相对较短、持续作战能力有限，无人机航时较长、持续作战能力强等。

有人机与无人机混合编队可以实现编队角色互补，充分发挥各自优势。一方面，充分发挥无人机隐身性能好、成本低等优势，充当"急先锋"；另一方面，充分利用人的智慧和综合判断能力，可有效弥补无人机在高威胁条件下智能决策不足。例如，在对地攻击作战中，有人机在敌防空火力范围外远程指挥，负责处理复杂的战场信息，并迅速完成对目标的识别、打击决策等任务，同时为无人机提供必要的空中掩护；无人机则可以利用自身隐身优势，在有人机的指挥下对敌方纵深目标进行攻击，从而提高作战效能和战场生存力。即使无人机被击落，损失也小于有人机。此外，由有人机通过机间链对无人机进行指挥，也降低了战区卫星通信系统的压力。

2. 有人机与无人机协同作战的优势

(1) 进一步强化网络中心战,提高体系作战效能。

网络中心战,其核心是将部队作战时情报信息的获取与融合、指挥控制与信息交互、火力打击三大功能组成一个信息网络体系,使原来各种分散的探测系统、指挥系统和武器系统集成为一个统一高效的网络体系。现代的空中战场,已经由基于平台,基于拼平台性能、拼火力,向基于网络、基于多种平台联合作战,向拼信息、拼体系、拼协同的方向发展。无人机最大的优势之一,在于其节点特性十分突出,机上无人驾驶,其飞行与任务完全依赖于各方的信息(包括自身获取的)和后方的指挥控制。无人机与有人机混合编队,进行大范围协同,形成明确的战术关系,不仅使作战单元与其他网络节点连接更加丰富和可靠,在维持原有性能的基础上,充分发挥体系作战能力,而且将进一步拓展网络中心战的作战样式,实现以平台为中心向以网络为中心,进而向以信息为中心的作战理念转变。

(2) 催生新型作战模式,推进空中作战形态的转变。

无人机对作战模式的改变,可从美军"全球鹰"和"捕食者"的作战使用中窥见一斑。"全球鹰"续航时间长,航程远,改变了有人侦察机临战前部署和多机接替轮换侦察的传统作战方式。"捕食者"改变了先派侦察机搜索发现目标、再呼唤和引导攻击机突击目标的传统作战方式,产生了"察打一体"方式。有人机与无人机共同组成作战单元,不仅可遂行空空作战、空面作战、侦察监视、电子对抗等多种作战任务,而且拓展了编队作战模式,编队形式将不再保持严格意义上的外部形态,而注重不同优势的联合。在有人机与无人机混合编队中,无人机能够从"观察-判断-决策-行动(observe-orient-decide-act,OODA)"全流程拓展原有的编队作战模式,可以前突吸引火力,可以承担通信中继,可以高空辅助探测目标,可以保持平飞引导武器攻击,可以隐身突击进行直接火力打击。传统的火力压制突防、空中掩护等作战方式将不复存在。这不仅会改变空中作战的方式,更重要的是将推动空中作战形态的转变。

3. 有人机与无人机协同作战的特点

有人机与无人机性能特点和使用方式存在巨大差异,为两者的编队协同使用带来很多新的特点。

第一,编队内涵得到极大拓展。有人机与无人机性能特点和使用方式差异大,有人机之间的传统编队概念已经不适用这种新型混合编队,其编队外部形态不再固定,可以更加疏开甚至疏散,不在视距范围,甚至也可完全融为一体,在任务的前半程由有人机挂载。

第二,混合编队样式灵活多样。无人机种类众多,大、中、小型,远、中、近程，高、中、低空，与有人机编队组成作战单元，形式多种多样，并根据遂行作战任务要求不同灵活使用。

第三，注重发挥全编队综合作战效能。混合编队中并不追求单一平台的作战能力，而是优化整个编队单元的综合作战能力。

第四，密集型编队对无人机自主性、安全性等要求高。有人机编队，通常由同型飞机组成，性能相同或相近，易组成密集型编队，即使是不同型飞机组成混合编队，飞行员也可通过战术使用保持相对密集的编队。但无人机行为动作需有人机或地面控制站控制，若进行密集编队大机动作战、应对突发空情，对其自主能力、安全性等方面能力要求很高。

第五，无人机指挥权限、指挥关系必须严格、明确。无人机可按事先任务规划确定的任务程序飞行，但对于实时态势变化则必然要通过后方指挥控制。通常来说，在混合编队中，无人机可能受到地面控制站和有人机等多重控制。因此，对于编队遂行任务时，必须明确不同情况下的各级指挥权限和指挥关系，否则将极大影响编队的作战效能。

4. 有人机与无人机协同等级的划分

有人机与无人机混合编队协同作战，首先要面对的就是协同等级，即在混合编队中，有人机对无人机的控制水平，这是影响作战效能和使用模式的重要因素[9]。美国海军最初制定了有人机与无人机控制层级定义，随后被 STANAG 4586 标准沿用，并推广至北约国家所有有人机与无人机协同项目[10-12]。该标准规定了有人平台控制无人机的 5 级标准，由低到高，能力逐渐增强。

(1) 1 级：有人机与无人机之间不存在控制关系，有人机通过无人机地面控制站间接获取源自无人机传感器的数据，并能进行显示或通过数据链网络分发。有人机可采用平台现有的 V/U 视距链、卫星通信、战术数据链等通信手段接收无人机地面控制站数据，该方法对平台改装较小，易于实现。

(2) 2 级：有人机可通过视距/超视距链路直接从无人机获取传感器数据并显示或转发，无须经其他平台中转或处理。相对于 1 级，可减少无人机地面控制站中转造成的通信延迟，并防止地面控制站对传感器数据处理导致信息丢失。

(3) 3 级：除 2 级控制能力外，有人机可对无人机上的载荷和传感器进行控制，无人机由其他平台控制飞行。因此需要两条不同的控制链路，实现载荷、传感器与无人机的实时分离控制。

(4) 4 级：除 3 级控制能力外，有人机具备除起降外的所有无人机控制能力，可在控制载荷的基础上，控制其飞行航迹，进行障碍物和威胁规避。

(5) 5 级：从无人机起飞到降落的全功能控制。对于 1 级协同，相当于计划协同，即有人机与无人机在统一任务规划下各自独立作战，两者之间没有直接的指挥控制关系和信息联系。对于 2 级协同,主要是传感器数据接收,有人机可采用一条链路接收某一无人机获取的目标信息或采用多条数据链同时接收来自多个无人机的信息,即同一层级的应用控制存在一对一、一对多和多对一的协同方式。而对于 3～5 级协同,涉及载荷、飞行及起降的控制,同一层级的应用控制权仅能由某一平台掌握,当平台仅具有较低控制权时,则由无人机地面控制站通过其他数据链进行高层级控制。美军现有的"捕食者""全球鹰"无人机均能与有人机实现 1 级协同,"阿帕奇"上安装的 VUIT-2 可同时对多架无人机施行 2 级控制。

总体来看,目前各国的研究目标主要是采用一架有人机对一架或多架无人机进行 4 级控制的模式,仅在使用运输机和海上巡逻机等部分大型飞行平台时,保留地面控制站的全部功能,即实现有人机对无人机的 5 级控制。

1.2 国内外发展现状

1.2.1 有人机与无人机协同作战发展现状

美国国防部在 2013 年发布的无人系统集成路线图中提出:有人机与无人机协同作战是美军将军事重心从中东移向亚太地区后的一种基本作战模式。事实上,鉴于有人机与无人机混合编队协同作战的应用前景,美、英等国从 20 世纪就竞相开展了相关研究,探索有人机与无人机协同作战的可行性、有效性和实用性,近年来取得长足进展,部分关键技术取得突破,已进入试验验证阶段[13-15]。

美国空军早在进行 X-45A 无人机试飞时,就验证了 X-45A 与有人驾驶的 T-33 飞机进行空中通信的能力,迈出了探索有人机与无人机混合编队飞行和协同作战的第一步。紧接着,美国空军又提出了软件使能控制(software enabled control, SEC)计划,利用一架 T-33 飞机(改装为无人机)与 F-15E 进行了有人机与无人机协同侦察高危险区目标的飞行试验,验证了有人机对无人机的控制能力[16-17]。

美国海军于 2003 年在 P-3C 海上反潜巡逻机上验证了战术控制系统(tactical control system, TCS)对"火力侦察兵"无人直升机的控制能力,并于 2012 年提出研发通用控制系统(common control system, CCS)的计划,以实现对无人侦察机、无人战斗机等多类无人机的通用化控制。

与此同时,美国陆军也开展了有人机与无人机协同的一系列研究和试验,历经机载有人/无人系统技术(airborne manned/unmanned system technology)、"猎人"远距杀手(hunter standoff killer team, HSKT)以及有人机/无人机通用结构计划(maned/unmanned common architecture program)等多个项目。2006 年成功演示了 UH-60"黑鹰"直升机通过战术通用数据链(tactical common data link, TCDL)对一架"猎人"无人机及其成像传感器实施控制的能力。此外还成功进行了由"阿帕奇"直升机直接控制无人机发射武器的飞行试验。"阿帕奇"直升机通过数据链与一架无人直升机(由 AH-6"小鸟"改装)的传感器相连,并下达了发射"地狱火"导弹的命令,验证了直升机与无人机之间协同作战的能力。随后,相继进行的由"阿帕奇"控制"猎人""影子""大乌鸦""灰鹰"等无人机的演示,不仅可获得情报信息,而且能够控制无人机及其载荷。2012 年首套无人机战术通用数据链组件交付,它能让"阿帕奇Ⅲ"机组人员控制无人机的传感器和飞行轨迹,接收无人机发送的数据,减少"传感器到射手"的时间,大大提高直升机的战场侦察监视、定位及完成指定任务的能力[1]。

数十年来,美军一直致力于研发高性能武器平台,寻求远超竞争对手的军事优势。然而这些高性能武器平台虽然先进,但造价昂贵且研发周期过长,以至于装配的电子部件在服役时便已过时。为了应对上述挑战,美国国防部高级研究计划局(Defense Advanced Research Projects Agency,DARPA)通过并确立了"体系综合技术和试验(system of systems integration technology and experimentation, SOSITE)"项目[18],聚焦分布式空战概念、架构和技术集成工具,旨在通过体系的方法保持空中优势,把包含飞机、武器、传感器和任务系统的航空作战能力分布于大量可互操作的有人和无人平台上,从而提高多种武器平台的整体作战效能,更加快速且低成本地把最新技术和系统集成进现有航空作战系统中,如图 1-1 所示。同时,洛克希德·马丁公司的臭鼬工厂提出了战斗机交战管理(fighter engagement manager,FEM)概念,它是体系综合技术在空战中的一种典型应用[19]。

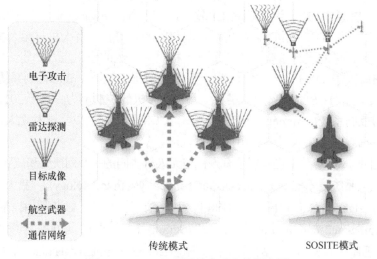

图 1-1　SOSITE 项目分布式空战概念图

图 1-2 展示了 FEM 概念下的体系集成空战概念图，利用一架或多架有人机(F-22)与多架无人作战飞机(unmanned combat aerial vehicle，UCAV)组成编队，协同执行危险的压制/摧毁敌防空力量(suppression of enemy air defences/ destruction of enemy air defenses，SEAD/DEAD)任务。F-22 可在敌防空区外对 UCAV 进行指挥和控制，必要时对威胁 UCAV 的空中目标实施拦截。试验分析显示，基于 FEM 概念的有人机与无人机编队协同作战模式，可使任务成功率提升 35%，作战效率提升 25%，生存性提升 25%，作战时间缩短 50%。

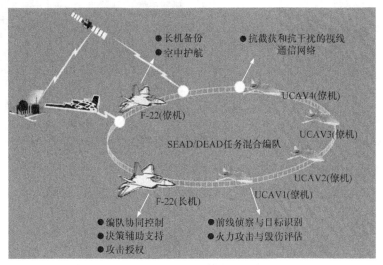

图 1-2 FEM 概念下的体系集成空战概念图

英国开展了能让飞行员控制 5 架无人机的技术研究。2007 年，英国空军完成了有人机与无人机的模拟协同作战试验。1 架经过改装的"狂风"战斗机指挥 3 架无人机模拟机(由 BAC-111 改装)，对地面移动目标进行了模拟攻击。无人机从起飞到目标探测、识别和锁定均自主完成，但武器发射的决定权由飞行员控制。

法国也在研究有人机与无人机之间的编队协同作战模式。据报道，2014 年 3月，开展了"阵风"战斗机与"神经元"无人机之间的编队飞行试验，验证了有人机与无人机紧密编队飞行与避碰的能力。

值得关注的是，2015 年 6 月，以认知科学研究著名的美国空军首席科学家 Endsley 在《自主地平线：空军系统自主——通向未来之路》的报告中指出：开展基于人-自主编组(human-autonomy teaming)的有人机与无人机协同作战研究，是确保美国空军保持远超竞争对手军事优势的有效途径[20-21]。一年之后，美国空军推出了"忠诚僚机(loyal wingman，LW)"的概念，并于 2017 年 3 月开展了有人机与无人机编组演示试飞，如图 1-3 所示[22]。其旨在使第五代战机(长机)的驾驶员可以对无人机(僚机)进行控制,并实现驾驶员的状态的实时监测,包括呼吸率、心率、血压、肌肉张力等,从而让长机与僚机的作战能力都有所加强。这类由高端无人机和先进有人机组成的作战编队,在平台(隐身性、机动性、滞空时间、作战半径等)性能和系统(传感器、通信、计算机、武器等)性能等方面存在天然的互补优势,特别适合执行 SEAD/DEAD 等对抗环境下的军事任务,被认为是一种可优先发展和实现的作战样式,是未来作战模式创新发展的重要方向[8]。

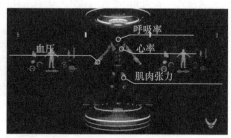

(a) "忠诚僚机"概念示意图   (b) 飞行员状态监测示意图

图 1-3   F-16 武装无人机与 F-35 战斗机编队协同作战的 "忠诚僚机" 概念[23]

目前,以美国为代表的西方国家进行了多次有人机与无人机协同概念演示和典型任务能力的综合演练[24]。美国现役无人机自主等级达到Ⅲ级以上,在研无人机自主等级达到Ⅴ级,主要概念和研究项目情况如表 1-1 所示。

表 1-1   美国主要的有人机与无人机协同作战研究情况

序号	概念/研究项目名称	主管/实施单位	研究内容
1	战斗机交战管理	美国空军研究实验室和洛克希德·马丁公司	研究 2 架 F/A-22 与 4 架小型多用途 UCAV 组成编队,实现协同执行危险和充满挑战的反应型 SEAD/DEAD 任务
2	忠诚僚机	美国空军研究实验室和洛克希德·马丁公司	研究无人机化改装的 F-16 与 F-35 编组开放式系统架构,执行自主规划、SEAD/DEAD 任务以及意外事件处置的能力
3	软件使能控制	美国国防部高级研究计划局	研究 1 架 F-15E 通过语音对 T-33 改装无人机实施控制,实现航路规划、搜索和打击过程中的互操作的能力
4	机载有人/无人系统技术	波音公司	研究 1 架 AH-65D 武装直升机与 1 架 "猎人" 无人机,通过视频智能共享系统进行协同的能力
5	有人机/无人机通用结构计划	美国陆军	研究多型直升机("阿帕奇""吉奥瓦")和多型无人机("影子""火力侦察兵")的协同互操作能力

续表

序号	概念/研究项目名称	主管/实施单位	研究内容
6	拒止环境下无人机协同作战	美国国防部高级研究计划局	研究以 RQ-23 "虎鲨" 无人机为平台,实现有人机指挥无人机编队执行战术侦察、SEAD/DEAD 等任务

总体来看,国外在有人机/无人机协同作战使用模式、互操作水平、协同"感知-决策"、协同控制及系统综合集成等方面都开展了大量研究,无论是广度还是深度都达到了较高的水平。虽然目前还是以军兵种及平台应用牵引为主,尚未建立跨兵种和平台的通用化有人机与无人机协同体系,但开放化、通用化、标准化的趋势不可避免。

1.2.2 有人机与无人机监督控制技术发展现状

1. 单操作员多无人机监督控制能力研究情况

单操作员能同时控制多少数量无人机,很大程度上取决于无人机在飞行控制、导航、任务与载荷管理三个回路的自主等级(level of autonomy,LOA),如图 1-4、表 1-2 所示。

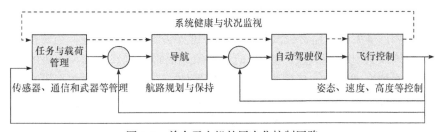

图 1-4　单个无人机的层次化控制回路

表 1-2　自主等级分类与描述[25]

LOA	改进的 LOA	自主等级描述
1	I	计算机智能组件系统不提供任何帮助,操作员必须采取所有的决策和行动
2	II	计算机智能组件系统提供所有可能的决策和行动集合
3	III	计算机智能组件系统提供可选的决策/行动子集
4/5	IV	计算机智能组件系统提供一个决策/行动方案,如果操作员批准则执行,称为同意管理模式
6	V	计算机智能组件系统提供一个决策/行动方案,该输出方案在执行前只允许操作员在一段时间内否决。否则,系统自动执行该决策/行动方案,称为例外管理模式
7/8/9/10	VI	操作员不参与决策过程,计算机智能组件系统自主决策并执行

在国内外多无人机监督控制能力的研究中，研究者们不约而同地将最底层的飞行控制回路交给了无人机自主系统，以便留出更多的人的认知资源给更高等级的控制回路，研究的结论主要包括：

(1) 增加三个回路的自主性可提高单操作员同时控制多架无人机的能力，但还与系统的可靠性和可信性、通信的带宽、任务的内容和复杂度、操作的时间要求以及操作员是否经过良好的训练等因素有着密切的关系。

(2) 高度自主化可能带来操作员对无人机自主智能系统的偏爱，从而导致轻信和错误的发生。保持操作员足够的态势感知水平，才能在系统出错时及时意识并进行合理的干预。

(3) 操作员能够控制的无人机数量还与人机交互频率和信息量有关。例如，有的研究中单操作员可以同时控制 12 枚巡航导弹，其任务过程中的人机交互活动很少，操作员仅仅需要监控任务管理回路，而其他控制回路都是自主的[26]。

综上所述，目前国内外普遍认为，当无人机的飞行控制回路交给自动驾驶仪，导航回路运用人工智能技术达到Ⅳ～Ⅴ级自主等级，任务与载荷管理回路采用同意管理模式(Ⅳ级)时，完全有可能实现典型 SEAD/DEAD 任务下，单个有人机操作员同时控制 4～5 架无人机。

2. 多无人机监督控制技术研究情况

近年来，多无人机监督控制技术受到了世界各国的高度重视。监督控制系统的设计应该以人-机交互过程为重点研究对象，需根据操作员和无人机的交互情况选择合适的自主等级，确定人-机系统的最佳交互方式。美国空军研究实验室(Air Force Research Laboratory，AFRL)对多自主等级下人-机系统的表现进行了评估，分析表明具有自主性的无人系统可以辅助操作员完成任务，不同自主等级对人机系统的整体效能会产生影响，并提出了可变自主的无人机监督控制框架。其中，可变自主监督控制技术与混合主动人机交互技术是重要的实现手段。AFRL 还设计了一个模拟实验，实验中单操作员控制 4 架无人作战飞机执行 SEAD/DEAD 任务，实时测量操作员的生理数据，并用这些生理数据评估操作员的认知状态。根据操作员的认知状态和任务需求动态调整操作员和无人机智能组件系统的控制权限。

在监督控制的人机交互中，态势感知(situation awareness，SA)是一个不得不面对而又充满挑战的问题[27]。Endsley 给出了被广泛接受的态势感知定义：在一定的时间和空间内对环境元素的感知，对这些元素的理解，以及完成对其未来状态的预测[28]。2015 年 Endsley 总结了近 25 年来态势感知研究领域的情况，并对其定义的态势感知模型(1995 年)提出的质疑和评论，做出了解释和回应。同时，就一些新的态势感知模型，包括 situated SA、distributed SA 及 sense-making 等，讨论了它们与现存个体和集体态势感知模型之间的区别与联系。总体来看，该领域研究已逐渐形成以下几点共识：

(1) 人机交互特性和有限干预特性是监督控制研究的关键科学问题。

(2) 可变自主不是人机交互的目的，而是支持人机交互的重要手段。

(3) 态势感知对监督控制效果具有重要影响，是可变自主调整的重要依据。

(4) 工作负荷与态势感知水平会影响操作员的认知状态，可以利用眼动、心率等生理数据来测定，也可以建立任务负荷模型来评估或预测。

1.2.3 有人机与无人机协同决策技术发展现状

通过对表 1-1 美军一系列的作战概念和研究项目的分析，可以发现其在认知化和自主化方面的发展趋势非常明显。认知化主要体现在有人机(飞行员)在对抗环境中的理解、判断等认知活动以及其认知状态等因素，是协同决策必须考虑的重要内容。自主化体现在新一代的无人机具有更高的自主等级，具备对抗环境下态势感知与智能决策推理的自主能力，初步形成了实现人机主从协同决策向人机对等协同决策转变的技术基础。

人机交互是有人机与无人机有效协作的基础，采用多模态人机交互界面设计方法可以有效降低飞行员的认知负荷，将人因工效学(human factors and ergonomics, HFE)引入人机交互系统设计，代表了未来有人机与无人机交互技术的发展方向，这需要分析不同交互模式以及交互复杂性和重要性等问题，并从认知智能交互的角度提出一种新型人机交互模型框架。

目前，强调"人在回路中"和"人在回路上" 的监督控制是实现人机协同决策的重要模式。但在目前的协同决策研究中，无人机大多处于被支配的角色，决策的主动性不足，而具备态势感知能力是无人机弥补与人的认知鸿沟，实现智能决策到自主决策，与人进行对等协同决策的关键。态势感知相当于 OODA 环路中的观察和判断环节，是人的认知决策和无人机自主决策的基础，是一种在复杂、动态环境中启发决策活动的认知理论，有自上而下的任务驱动和自下而上的数据驱动两种方式，受心智模型(mental model，MM)指导，而具备类人心智模型是实现无人机态势感知的基础。

总体来看，该领域研究已逐渐形成以下几点共识：

(1) 根据无人机具备的自主智能水平以及操作员介入的程度，有人机与无人机协同决策方式可以分为较低协同水平的有限干预式和较高协同水平的认知智能交互式。

(2) 人的"认知"与无人机的"自主"之间的有效交互是未来先进有人机与高端无人机协同的基础，是实现高、低智能体之间协同决策的关键。

(3) 面对动态、不确定的复杂环境，构建包含自主交互策略、自主情绪、态势感知和智能决策的完整 OODA 环路，是实现无人机自主决策的有效途径。

(4) 在有人机与无人机协同决策过程中，必须考虑飞行员的生理和心理因素对认知决策的影响，这是决定协同决策研究能否走向实际应用的前提。

(5) 专家知识、经验是构建可解释的军事决策系统的重要基础，但具备可用数据的学习进化能力将有助于提升协同决策系统在实际应用中的适应性。

1.2.4　模糊认知图模型理论研究发展现状

开展有人机与无人机协同决策研究，需要在信息科学、控制科学和认知科学等理论基础上，寻求一套可行的分析方法与建模工具。其中，模糊认知图(fuzzy cognitive map，FCM)是一种较理想的、可用于建模和模拟动态系统知识表示和决策支持的工具[29]。根据 Web of Science 核心数据库统计(截至 2020 年 3 月)，2017～2019 年相关研究论文分别达到 115 篇、120 篇和 100 篇，其中 2019 年论文被引 2351 次，总被引频次 15637 次，h 因子为 58，已成为人工智能领域一个重要的研究方向。

FCM 是一种定性推理技术和软计算方法，经典 FCM 模型由概念节点 C、有向弧及其关联权值矩阵 W 组成。节点表示系统的属性、特征、性能等；有向弧表示节点间的影响关系，影响程度由关联权值矩阵 W 描述，整个 FCM 通过各概念节点之间的因果关系以及相互作用来模拟复杂系统行为，如图 1-5 所示。FCM 能将输入映射为输出的收敛状态：固定点或极限环，也可能终止于"混沌"发散状态。

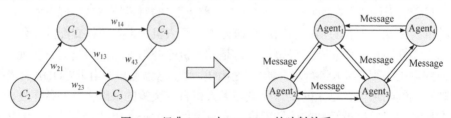

图 1-5　经典 FCM 与 ABFCM 的映射关系

由于 FCM 建模方法简单、灵活，容易引入其他智能方法和学习算法，以及在不同应用场景良好的适应性和易用性，FCM 模型的发展迅速，并衍生出许多 FCM 扩展模型[30]，主要包括：基于规则的模糊认知图[31]、模糊灰色认知图[32]、直觉模糊认知图[33]、动态模糊认知图/认知网[34]、模糊时间认知图[35]、进化模糊认知图[36]、基于智能体的模糊认知图[31]；FCM 的学习研究集中在学习 FCM 的权值矩阵，包括节点关系和关系的强度等[37]，主要方法包括基于 Hebbian 的学习[38]、基于群体的学习[39]和混合学习[40]，并已应用于社会[33]、环境[41]、工业[34]和医疗[30,38,42]等众多领域的建模分析与决策支持。

下面简要介绍几种在决策系统应用中具有较好潜力的扩展模型和学习算法。

1）基于智能体的模糊认知图

在基于智能体的模糊认知图(agent-based fuzzy cognitive map，ABFCM)中，每个节点可以是不同形式和结构的智能体，拥有不同的推理算法，能通过消息传递机制与其他节点相互作用，当每个节点算法一致时，其又将回归到经典的 FCM，适用于分布式决策系统的建模，如图 1-5 所示。

式(1-1)为经典 FCM 节点状态值推理模型：

$$C_j(t+1) = f\left[k_1\sum_{\substack{i=1\\i\neq j}}^{n}C_i(t)w_{ij} + k_2C_j(t)\right] \tag{1-1}$$

式中，$C_i(t)$、$C_j(t)$ 分别表示 t 时刻原因节点和结果节点的状态值；w_{ij} 为概念节点 C_i 对 C_j 的因果关联权值；$k_1,k_2\in[0,1]$，分别表示原因节点综合影响和节点自身状态所占的比例；f 表示概念节点的激活函数，具有多种表达形式[43]。

ABFCM 是将经典 FCM 中的节点 C 映射为智能体 A，其节点状态的推理方程由式(1-1)变换为式(1-2)的形式：

$$A_i^t = F_i(A_1^{t-1},\cdots,A_j^{t-1},\cdots,A_n^{t-1},w_{11},\cdots,w_{ji},\cdots,w_{nn}) \tag{1-2}$$

式中，A_i^t 为第 i 个智能体在 t 时刻的状态；w_{ji} 为权值矩阵中的元素；F_i 为通过给定信息获得 A_i^t 状态的推理过程，而不再是经典 FCM 中的激活函数。

2）基于规则的模糊认知图

在基于规则的模糊认知图(rule-based fuzzy cognitive map，RBFCM)中，原来用模糊值表达的概念节点关系采用模糊规则描述，不仅可以表达经典 FCM 的单调因果关系，还能包含推理、替代、概率、反对、关联等多种相互关系。激活函数则用模糊推理规则替代，使其具备了对更加复杂的实际决策系统建模的能力，如图 1-6 所示。

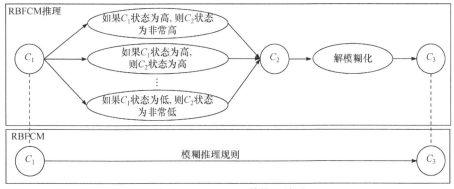

图 1-6　RBFCM 及其推理关系

3) 动态模糊认知图

如图 1-7 所示，动态模糊认知图(dynamic fuzzy cognitive map，DFCM)主要是引入了外部环境控制变量集 V，使得模型中原本静态的数值成为与其初值和 V 有关的动态可调函数。V 可以直接影响局部概念节点间的因果关系，也可以控制和影响节点状态值及其模糊化过程，从而使推理过程能够很好地反映决策系统外部环境造成的影响。

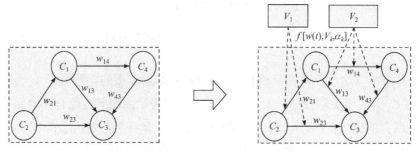

图 1-7　经典 FCM 与 DFCM 的扩展关系

4) 模糊灰色认知图

模糊灰色认知图(fuzzy grey cognitive map，FGCM)将灰色系统理论引入模糊认知图中，如图 1-8 所示。它是一个四元组：$\{C, W, \otimes f(\cdot), l(\psi)\}$，其中 $C = \left\{\otimes C_i\right\}_{i=1}^{n}$，为具有灰度值的概念节点集；$W = \left\{\otimes w_{ij}\right\}$ 为概念节点间连接关系的大小，具有灰度值；$\otimes f(\cdot)$ 为概念节点的激活函数；$l(\psi)$ 为节点的信息空间范围。将灰度值转化为清晰值需要白化。相较经典 FCM，FGCM 的概念节点和权值均用灰度值来表示，可充分表达决策系统的不确定性。

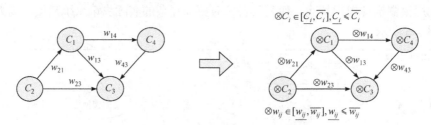

图 1-8　经典 FCM 与 FGCM 的扩展关系

5) 模糊认知图的学习方法

(1) 基于 Hebbian 的学习。核心思想是利用概念节点激活的顺序、方式和强度来调节和更新权值，异步激活，权值减少；同步激活，权值增加。主要算法包括差分 Hebbian 学习(differential Hebbian learning，DHL)、主动 Hebbian 学习(active Hebbian learning，AHL)、非线性 Hebbian 学习(nonlinear Hebbian learning，NHL)和数

据驱动型非线性 Hebbian 学习(data driven nonlinear Hebbian learning，DD-NHL)等。

(2) 基于群体的学习。核心思想是将基于群体的启发算法用于训练 FCM。主要包括：进化/遗传算法(evolutionary/genetic algorithm，EA/GA)、蚁群优化(ant colony optimization，ACO)算法、粒子群优化(particle swarm optimization，PSO)算法、混沌模拟退火(chaotic simulated annealing，CSA)算法、Tabu 搜索和进化策略等。

(3) 混合学习。核心思想是根据初始领域专家知识和可用历史数据，分两个阶段学习，修改、更新 FCM 的权值矩阵。主要包括：Hebbian 学习与差分进化学习算法混合、Hebbian 学习与扩展大洪水学习算法混合、实数编码遗传算法混合。

表 1-3 总结了 FCM 常用扩展模型和学习方法的优缺点和适用范围。这些 FCM 扩展模型和学习方法为复杂军事决策系统的模型框架设计、系统建模、动态性与不确定性的表达与推理，以及利用历史数据和专家知识学习等问题研究奠定了良好的基础。但是，将 FCM 应用于有人机与无人机协同决策模型方法的研究还需要进行适应性改进和综合运用。

表 1-3　FCM 常用扩展模型和学习方法的优缺点和适用范围

模型/方法	优点	缺点	适用范围
ABFCM	支持多智能体节点的建模	建模的要求高	分布式决策
RBFCM	支持模糊规则建模与推理	推理过程复杂	专家决策
DFCM	支持非线性动态函数推理	建模的要求高	动态决策
FGCM	支持模型的不确定性表达	推理过程复杂	不确定决策
基于 Hebbian 的学习	支持无监督学习，收敛快	依赖专家知识，精度低	缺乏可用学习数据
基于群体的学习	支持有监督学习，精度高	收敛慢、可解释性较差	具备大量学习数据
混合学习	支持在线和线下分步学习	算法过程复杂、难度大	知识和数据双驱动

第 2 章　有人机与无人机有限干预式协同决策机制分析

本章介绍了基于有限干预的无人机自主决策和自主等级的概念，分析了无人机层次化智能自主控制与决策机制、有人机有限干预机制、无人机自主等级调节机制和人机协同决策运行调度机制。

2.1　基于有限干预的无人机自主决策问题描述

自主性是指自我管理和自我决策的权利。无人机自主性定义为：在不确定和复杂环境下，在没有人介入的情况下，无人机持续完成任务的能力。

实现无人机自主决策的前提是无人机具有较高的自主等级。在不同的自主等级下，需要与有人机操作员交互的模式和交互内容不尽相同[21]。有限干预式协同决策是在监督控制方式下，有人机操作员尽可能多地参与无人机较高层次的载荷与任务管理。"同意管理模式"和"例外管理模式"是常见的两种监督控制方式。图 2-1 为基于有限干预的无人机自主决策结构[44]。

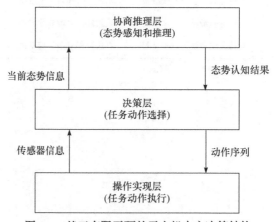

图 2-1　基于有限干预的无人机自主决策结构

无人机的自主决策过程可以分为三个层次。协商推理层：自主程度最高，通过得到的态势信息推理得到态势认知结果。决策层：利用上层态势认知结果，进行任务规划，并选择相应动作序列输出任务规划结果。操作实现层：自主程度最低，负责动作的执行。有限干预机制就是根据无人机任务执行过程中的不同自主等级，动态地将各层的执行权限分配给有人机操作员和无人机。例如，完全自主的情况下，无人机拥有协商推理层的控制权限；遥控操作模式下，协商推理层的态势感知和推理以及决策层的任务动作选择都由操作员完成，无人机负责动作的执行。无人机自主等级的选择和有人机与无人机编队所处的战场环境有关，人在无人机自主决策过程中的作用如图 2-2 所示。

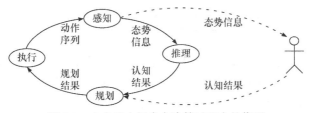

图 2-2　人在无人机自主决策过程中的作用

在上述过程中，无人机可以主动汇报当前的状态，请求操作员协助完成部分任务；操作员在这个过程中也可通过无人机获得态势信息，并主动根据认知结果对无人机的决策过程进行干预，从而改变其自主等级和任务执行方式。要实现上述过程，需要研究三个方面的问题：

(1) 基于有限干预的无人机自主等级划分；

(2) 无人机层次化自主决策模型框架建立；

(3) 有人机有限干预策略与介入方式设计。

2.2　基于有限干预的无人机自主等级

与表 1-2 所示的自主等级的分类与描述不同，为避免过于频繁调整无人机的自主等级，提高实际应用的可行性，基于有限干预的无人机自主等级分类颗粒度要大一些，主要包括：例外管理(对应改进的 LOA 中的 Ⅴ 级)、同意管理(Ⅳ 级)、操作员决策(Ⅱ、Ⅲ 级)和指令控制(Ⅰ 级)。研究表明：在通常情况下，操作员更偏爱同意管理模式；在面临时间压力和较重的工作负荷，或者面对极其复杂或者危险程度较低的任务时，操作员更偏爱例外管理模式[45-52]。操作员手动遥控无人机是最基本也是最可靠的操作方式；考虑到较长一段时间内，无人机仍然需要操作员的指导，略去表 1-2 中的改进 LOA 中的 Ⅵ 级，即不考虑无人机完全自主的情况，将例外管理模式作为无人机最高的自主等级，表 2-1 为基于有限干预的无人机自主等级的定义[53]。

表 2-1　基于有限干预的无人机自主等级的定义

自主等级	交互内容	交互方式
A_4(例外管理)	UAV 提供任务执行情况及系统状态	UAV 主动反馈,操作员在时限内不否定即执行
A_3(同意管理)	UAV 提供态势认知结果和任务决策结果,操作员认可或修改	UAV 在降低动作等级之前等待操作员的反馈
A_2(操作员决策)	UAV 提供态势认知结果和任务参数,操作员决策	UAV 在自保之前等待操作员的决策
A_1(指令控制)	UAV 提供态势参数,操作员提供任务指令	UAV 减缓行动速度等待操作员的指令

例外管理模式是指无人机对当前态势非常有把握,无人机自行完成态势认知和任务规划,操作员在时限内不否定即执行。同意管理模式是指无人机认为当前形势有一定的不确定性,需要等待操作员批准之后方能执行。操作员决策模式是指无人机无法把握当前态势,需要操作员的认知能力辅助完成任务规划。指令控制模式是指无人机无法应对当前形势,一切动作听从操作员指令。

2.3　无人机层次化自主决策模型框架

无人机层次化自主决策模型框架主要包括三个层次:态势感知层、决策推理层、人机交互层,分别完成无人机对外界环境信息感知,无人机自主决策推理,以及有人机与无人机之间的人机交互。图 2-3 为无人机层次化自主决策模型框架。

1. 态势感知层

态势感知层主要由外部信息综合模块、节点状态模块和态势推理模块组成。其中,外部信息综合模块周期地获得外部信息,对环境信息、有人机的控制指令或者干预信息、态势推理结果等进行综合,形成外部综合信息。节点状态处理模块提取无人机当前状态的关键因素作为概念节点,用于态势推理及决策推理。态势推理模块利用外部综合信息和节点状态信息进行推理得到态势认知结果。

2. 决策推理层

决策推理层主要接收上一层经过预处理和综合的外部环境信息集合以及节点状态,用来进行动态推理决策,主要包括:动态推理决策模块和自主等级管理模块。其中,动态推理决策模块是该层的核心,主要负责生成推理结果并进行决策推理。同时,对节点状态和自身知识进行实时更新,推理结果包括任务规划参数

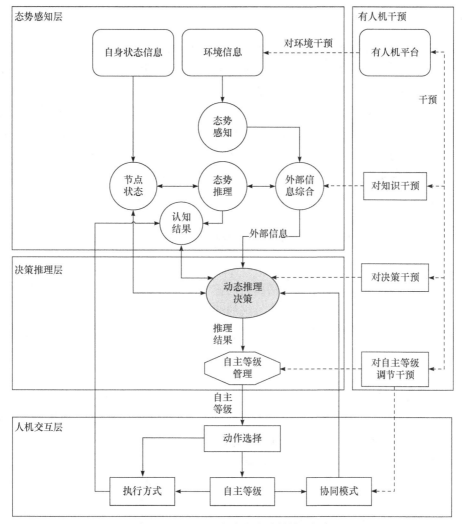

图 2-3　无人机层次化自主决策模型框架

和任务规划结果。自主等级管理模块基于自主推理结果，结合无人机自身知识量及权限进行自主等级评估和调整，约束无人机动作选择范围。自主等级可以是无人机主动调节，也可以是有人机干预调节。

3. 人机交互层

人机交互层是无人机作用于外部环境的界面，同时也是无人机与有人机交互的接口。依据决策推理层的推理结果和无人机自主等级，在动作库中选择对应等级的动作并执行。自主等级决定无人机的任务执行方式，从而决定有人机-无人机的协同方式。同时，人机交互层对外部环境的作用会影响无人机接下来的认知和推理过程。

4. 有人机平台的干预

图 2-3 中的虚线表示有人机对无人机的有限干预，在无人机自主决策的三个层次均有不同程度的体现。有限干预强度从弱到强分别为：对环境干预、对知识干预、对决策干预、对自主等级调节干预，具体可以分为三大类。①对无人机所处环境的干预：主要是有人机对无人机所处任务环境的影响和态势的修改。②对无人机知识的干预：有人机通过认知判断，提供信息等形式改变无人机的知识量。③对无人机的决策和自主等级调节进行干预，从而改变有人机与无人机协同方式和无人机推理决策过程。干预触发有两种形式：无人机主动请求干预和有人机主动介入。

2.4　有人机有限干预触发策略与介入方式

有人机有限干预机制主要包括两大内容：干预触发策略和干预介入方式。有限干预的介入势必造成无人机自主等级的调节，从而带来有人机与无人机之间决策权限的转移和再分配。在有限干预机制的设计中，必须充分考虑有人机操作员的操作负载[54-55]。

2.4.1　有限干预触发策略

有限干预触发策略主要取决于无人机自主等级、有人机操作员任务负荷及战场复杂程度。一般地，无人机自主等级低，有人机任务控制负荷较轻时，有人机主动介入干预。当无人机自主等级较高，有人机任务控制负荷较重时，则由无人机发起干预请求。无人机自主决策需要有人机干预的原因在于，缺乏处理当前态势所需具备的知识和资源，或不具备在当前自主等级下执行某个动作的功能，或没有在当前自主等级下执行某个动作的权限等，干预的触发总是伴随着无人机自主等级的调整。

图 2-4 为有限干预触发策略，左边矩形虚线框内表示无人机的自主决策过程，右边矩形虚线框内表示有人机的有限干预过程。从无人机的角度看，自主决策过程中的每个阶段都可以向有人机请求干预。从有人机的角度来看，既可以在收到无人机干预请求之后触发干预，也可以主动介入干预。无人机自主决策过程自下而上自主等级升高，决策行为趋于复杂，决策过程趋于自主。有人机干预框图中自上而下的干预强度增加，需要有人机操作员分配的注意力和认知资源增多，任务负荷增加。

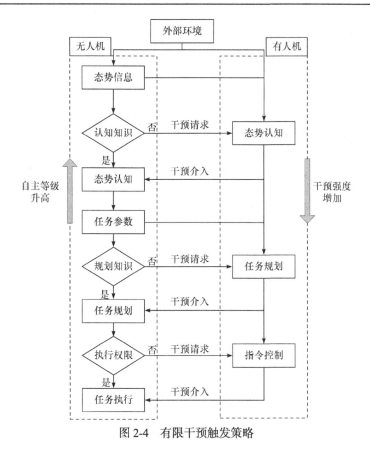

图 2-4　有限干预触发策略

　　有人机对某个层次的干预触发意味着该层的决策权限由无人机向有人机转移，无人机自主等级随之下降。例如，在态势认知层面的干预是无人机自主等级的微调；在任务规划层面的干预将改变无人机决策推理行为；在任务执行层面的干预将促使有人机操作员接管无人机大部分的控制权限，无人机按照操作员指令逐步执行任务。

2.4.2　有限干预介入方式

　　图 2-5 所示为有人机有限干预介入方式。有人机有限干预介入方式可分为直接控制、干预环境、干预知识、干预决策四种形式。若有人机操作员任务负荷小，可直接控制无人机执行任务，是干预最强也最可靠的方式。若有人机操作员负荷较大，协助无人机调整自主决策推理行为，通过有人机对环境的干预改变无人机认知态势和推理节点的初始状态。如果此时无人机仍无法完成决策，则通过补充知识，改变无人机自主决策推理的知识库，提高无人机对全局的认知水平，通过有人机操作员的认知分析能力协助无人机完成决策。当上述干预介入方式无法奏

效时，有人机还可以对无人机自主决策过程进行干预，调整决策过程的参数，如缩小无人机可选动作的范围，限制无人机执行比较复杂的动作等，决策参数的调整超过一定范围$(K > K_{max})$会使无人机的自主等级降低，从而限制无人机的自主性，这种情况下需要有人机操作员较多地介入对无人机的控制。四种干预介入方式的实施取决于实际战场环境情况，目的在于尽可能利用无人机的自主智能，减轻有人机操作员的任务负荷，在不能保证决策结果为最优解时，尽可能获得次优解或非劣解。

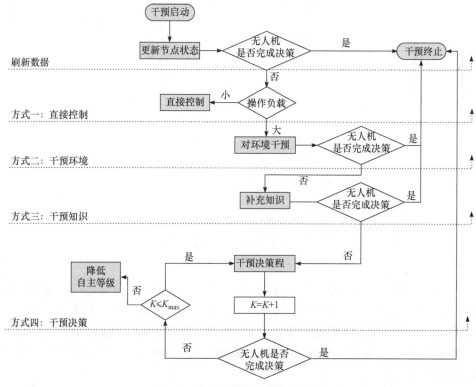

图 2-5　有人机有限干预介入方式

有人机有限干预机制体现了决策需求的层次性以及有人机对无人机自主决策干预的有限性，保证了实际战场环境中有人机与无人机协同决策的动态适应能力。

2.5　无人机自主等级调节机制

在某些情况下，任由系统自主地决策会带来灾难性的后果，这就要求人在必要的情况下对自主系统进行干预，可变自主的概念应运而生[56-58]。在 20 世纪 80 年代提出的自主机器人的层次化控制框架中，包括处理特定事件的独立和并行模块，每个模块都与环境直接交互，模块之间的通信量很小，主要特点是基于特定事件刺激做出反应并进行状态的转移[59]。美国国家航空航天局(National Aeronautics and Space Administration，NASA)的研究人员利用可变自主模型实现人机协同，并提出了混合主动可变自主技术，目的在于模拟人-机器人在真实太空环境中的协同和互操作。自主等级调节作为一种过程，依赖于无人机执行的动作类型，而无人机执行的动作类型取决于当前发生的事件。因此，自主等级调节可以定义为：根据当前事件类型，调节决策过程中的相关参数，从而改变决策结果及任务执行结果的过程。

2.5.1　自主等级的评估方法

选择能准确表征自主性能的指标集合是自主等级评估的关键，也是可变自主领域的难题。在有人机与无人机有限干预式协同决策中，可变自主最关键的问题是有人机对无人机决策过程的干预。在无人机决策过程中，有两种情况需要有人机的干预，一是缺乏决策所需的知识，二是缺乏行为所需的权限。因此，可以将"知识"和"权限"作为无人机自主等级评估的主要参数。

无人机 A_i 可以完成决策过程 d，表示为 Aq_i，当且仅当 A_i 满足下面两个条件：

(1) 无人机 A_i 拥有决策所需的知识 $k(\mathrm{know} == \mathrm{true})$。

(2) 无人机 A_i 拥有完成决策所需的权限 $c(\mathrm{can} == \mathrm{true})$。

将上述定义用形式化语言描述如下：

$$\mathrm{If}(A_i \mathrm{know} == \mathrm{true}) \mathrm{and} (A_i \mathrm{can} == \mathrm{true}) \rightarrow A_i : \mathrm{Aq}_i$$

无人机自主决策过程分为"感知-推理-规划-执行"四个阶段，这四个阶段的自主性评价标准各不相同。感知和推理阶段的自主性主要体现在知识层面，规划阶段的自主性需要知识和权限的综合，执行阶段的自主性则主要体现在权限层面。如果在任意阶段出现无人机自主性不满足要求，则需要有人机的干预。

设 a_i 表示无人机 A_i 的自主等级，$0 \leqslant a_i \leqslant 1$。

如果 $a_i \approx 0$，则表示无人机 A_i 不具备自主性；如果 $a_i \approx 1$，则表示无人机 A_i 完全自主。

对于事件 e，无人机 A_i 所拥有的知识为 k_e，表达函数为

$$\mathrm{know}(e) = k_e, \quad 0 \leqslant k_e \leqslant 1$$

无人机 A_i 对处理事件 e 所拥有的权限为 c_e，表达函数为

$$\mathrm{can}(e) = c_e, \quad 0 \leqslant c_e \leqslant 1$$

定义 2.1：无人机 A_i 对于事件 e 在感知和推理阶段的自主等级，取决于 A_i 关于事件的知识水平：

$$\forall e \exists A_i : \text{know}(e) \Rightarrow a_i = k_e \cdot \gamma$$

式中，γ 为干预系数，表示有人机是否干预，取值为 0 或 1。γ 的取值取决于无人机的状态和表现，γ 取 0 表示有人机不干预，γ 取 1 表示有人机干预。

定义 2.2：无人机 A_i 对于事件 e 在任务规划阶段的自主等级，取决于 A_i 关于事件的知识和权限水平：

$$\forall e \exists A_i : \text{know}(e) \wedge \text{can}(e) \Rightarrow a_i = (\sigma_1 k_e + \sigma_2 c_e) \cdot \gamma \Leftrightarrow \min[k_e, c_e] \geqslant T$$

式中，T 表示自主等级的最低门限值，即自主门限；σ_1、σ_2 为系数，取值范围为[0,1]；$\min[k_e, c_e] \geqslant T$ 表示无人机具有该阶段的自主性需要 k_e 和 c_e 同时大于自主门限。

定义 2.3：无人机 A_i 对于事件 e 在任务执行阶段的自主等级，取决于 A_i 关于事件的权限水平：

$$\forall e \exists A_i : \text{can}(e) \Rightarrow a_i = c_e \cdot \gamma$$

如图 2-6 所示，假设知识和权限都是决策过程的线性函数，权限和知识围成的三角形区域 T 表示自主门限，调整权限和知识的线性函数的斜率就可以调节自主门限的范围。无人机在各个阶段的知识和权限水平必须在 T 之上方能达到该阶段自主的要求。显然，在任务规划阶段对知识水平的要求最高，同时对权限水平的要求最高，在态势感知与推理阶段和任务执行阶段则分别仅对知识和权限各有要求。

图 2-6　无人机自主等级评估和任务阶段的关系

结合表 2-1 对无人机自主等级的定义，无人机在任务过程中各个自主等级对知识和权限的要求如图 2-7 所示。被灰色填充的框格表示满足条件，如 know；白色填充的框格表示不满足条件，如~can。图中左侧第一列表示自主等级，右侧最后一列表示该自主等级下无人机平台的任务输出。处于 A_1(指令控制)下的无人机不具备任何知识和权限水平，只能利用自身的传感器载荷输出态势参数；处于 A_2(操作员决策)下的无人机只具备推理所需的知识和规划所需的知识，该自主等级的无人机可以将态势认知结果和任务规划参数提供给有人机，但是不能进行决策，无人机的动作选择由有人机操作员来完成；处于 A_3(同意管理)下的无人机具备推理和规划所需的知识及任务规划所需的权限，可以自主进行动作的选择。处于该等级下的无人机可以将任务规划结果提供给有人机，征求有人机操作员同意后执行；

处于 A_4(例外管理)下的无人机可以独立完成整个任务决策过程，并且有自主执行的权限。

任务过程 →

	感知	推理	规划		执行	任务输出
A_4		know	know	can	can	执行结果
A_3		know	know	can	~can	任务结果
A_2		know	know	~can	~can	认知结果
A_1		~know	~know	~can	~can	态势参数
		认知知识	规划知识	规划权限	执行权限	

图 2-7　各自主等级对知识和权限的要求

2.5.2　自主调整的维度

参考法国地面机器人控制项目，将可变自主模型设计为描述维和规范维两个维度[44]。描述维指的是智能体能够执行的动作，描述的是智能体自给自足的能力；规范维指的是智能体在某些限制条件下允许执行的动作，描述的是外界对智能体的限制程度[60]。在各个自主等级设置动作集合的基础上，通过对同一等级上动作集合范围的限制进行自主等级的水平调整，通过自主等级间的切换实现自主等级的垂直调整。

图 2-8 所示为无人机自主等级的两个调节维度，每一等级被分为两层，上层表示该等级下的指令或动作集合，下层表示该动作的完成过程中有人机操作员和无人机决策权限各占的比例。在自主等级较低的情况下，无人机的动作几乎由操作员控制完成，自主等级较高的情况下，操作员的权限只占较少的部分，无人机的动作几乎是自主完成。水平调节方式对无人机可以执行的动作范围进行调节，无人机的自主等级保持不变。垂直调节方式切换无人机的自主等级，改变有人机与无人机协同决策的交互方式。两个维度的自主调节方式可以根据态势状况控制自主等级调节的力度。例如，对于危险程度较小的突发事件，水平调节就可以应对。在危险程度较高时，则应降低自主等级，让操作员更多地参与进来，从而更好地处理威胁。

无人机通过任务规划选择的动作属于描述维，无人机由于权限约束执行的动作属于规范维。一般情况下，复杂程度越高的动作执行权限要求越高，如投放武器。复杂程度较低的动作权限要求较低，如返回基地。复杂度较高的动作一般会带来较大的任务效能，如打击目标，因此无人机在任务规划时倾向于选择复杂程度较高的动作作为描述维，此时有人机操作员可以根据实际情况进行规范维的调节，约束无人机的某些动作。例如，目标威胁较小，规范维的约束就不会很明显，

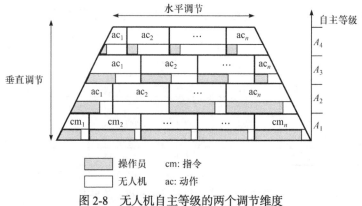

图 2-8　无人机自主等级的两个调节维度

无人机可以执行较为复杂的动作。当目标威胁较大时，规范维会缩小无人机可执行的动作范围，无人机选择较为安全的动作。因此，需要按照复杂度对无人机自主等级进行划分。

假定无人机的任务动作可以分为三个等级，其中，A_D 表示包含推理过程的复杂动作，如打击目标。A_P 表示由固定条件产生的动作，如通讯延迟造成的盘旋等待。A_N 表示无人机的基本动作，复杂程度最低，如转弯、返回、应激规避等。动作复杂程度分为高层次动作(high-level actions)、中间层次动作(mid-level actions)和低层次动作(low-level actions)，如图 2-9 所示。

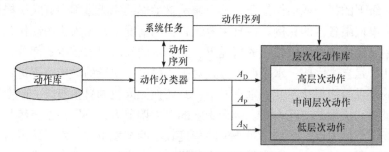

图 2-9　动作复杂程度划分过程

定义 2.4：令 Actions 表示动作的集合，则有 Actions = $\{A_D \bigcup A_P \bigcup A_N\}$。$A_H$ 表示高层次的动作集合，则有 $A_D \rightarrow A_H$；A_I 表示中间层次的动作集合，则有 $A_P \rightarrow A_I$；A_L 表示低层次的动作集合，$A_N \rightarrow A_L$。

定义 2.5：定义 $L = \{A_1, A_2, A_3\}$ 表示动作分配的自主等级，A_4 和 A_3 的动作库相同，只是执行权限不同，故不出现在 L 中。各自主等级的动作层次分配函数 Ld(a) 如下：

$$\text{Ld}(a) = \begin{cases} a \in A_3, & a \in (A_H \bigcup A_I \bigcup A_L) \\ a \in A_2, & a \in (A_I \bigcup A_L) \\ a \in A_1, & a \in A_L \end{cases} \tag{2-1}$$

式(2-1)表示了各自主等级下包含的动作层次，高自主等级包含三个层次的动作，低自主等级包含中间层次或低层次动作，如图 2-10 所示。

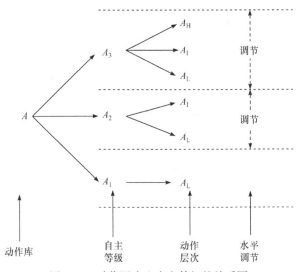

图 2-10　动作层次和自主等级的关系图

定义 2.6：如图 2-7 所示，自主等级的垂直调节是指根据无人机在任务各阶段的知识和权限水平以及其所满足的等级之间的匹配和切换。

定义 2.7：如图 2-10 所示，自主等级的水平调节是指在同一自主等级下，对该等级下无人机可执行的动作层次范围调节。

定义 2.8：无人机自主等级的调节与有人机的干预强度有关。当有人机操作员干预较弱时对应同一等级下的水平调节，干预较强时对应自主等级的垂直调节。

2.5.3　无人机可变自主模型

无人机可变自主模型在传统自主等级的结构上将每个等级按动作分层。因此，无人机在任务过程中可以在不同自主等级间或同一自主等级的不同层次间进行调整。通过对无人机自主等级的评估方法、无人机自主层次结构及调整方法的研究，可以实现 $\text{know(event)} \wedge \text{can(event)} \rightarrow \text{decide(event)}$ 的决策过程，如图 2-11 所示。

无人机可变自主模型包含四个主要模块：事件分析模块、态势分析模块、自主等级管理模块、任务效果评估模块。其中，事件分析模块和态势分析模块主要负责处理事件信息，形成态势认知，辅助无人机完成态势推理任务；自主等级管

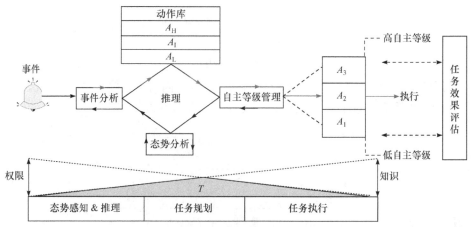

图 2-11　无人机可变自主模型

理模块负责无人机的自主等级的评估和调整；任务效果评估模块对无人机的任务执行过程和结果进行评估，为下一次任务执行提供参考。

在动态环境中，随着系统状态的变化，各自主等级下对知识和权限水平的要求值会动态变化，这就要求系统根据自身状态对自主等级相关的参数进行调节，以保证无人机处于合适的自主等级。

2.6　有人机与无人机有限干预式协同决策运行调度机制

在协同决策系统运行过程中，有人机操作员有五种任务角色，分别是：规划、指导、监督、干预、学习，如图 2-12 所示。

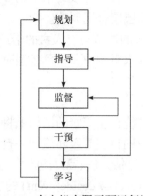

图 2-12　有人机有限干预运行回路

(1) 在无人机自主性激活之前对任务进行规划。

(2) 指导无人机完成任务。

(3) 对无人机完成任务的过程进行监督。

(4) 干预无人机确保任务正常完成。

(5) 对无人机任务执行过程进行学习，作为下次规划的参考。

规划和指导的需求会随着任务复杂程度的增加而增加，而监督和干预则取决于规划和指导的效果。

有人机与无人机有限干预式协同决策系统运行调度模型框架可以分为系统监督模块和系统控制模块两个部分。如图 2-13 所示，右侧系统控制模块由有人机干预模块、无人机可变自主模块和无人机自主决策框架组成，完成监督控制系统的主要功能。其中，有人机干预模块实现有人机和无人机之间的交互，对无人机的可变自主模块实施干预。同时，无人机可变自主模块可以控制无人机的决策结构和决策形式，影响决策结果。左侧为系统监督模块，负责监督有人机操作员的状态、无人机状态和评估环境威胁状况，以便对控制结构的相关参数进行动态调整。例如，操作员压力较大时，自主等级倾向于调高；在同一自主等级下，对于威胁较大的任务，无人机倾向于执行复杂程度较低的任务。无人机执行任务的完成程度较高时，保持无人机当前自主等级，任务完成程度较低时，适当缩小自主等级范围。同时，对高威胁事件优先处理，主要处理方法是降低自主等级，使人能够更多地参与到任务的执行中，甚至是中断任务执行过程，保证无人机安全。

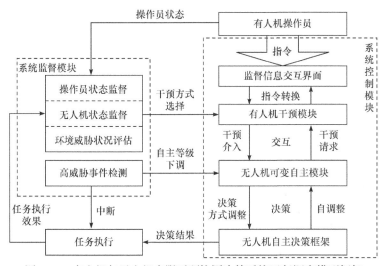

图 2-13　有人机与无人机有限干预协同决策系统运行调度模型框架

2.7　本　章　小　结

本章以人机监督控制技术为基础，分析了有人机与无人机有限干预式协同决策机制，目的在于避免有人机操作员介入无人机的底层控制系统，将认知资源用于更高层次的任务。为此，需要发挥无人机的自主控制与决策能力，设计合理的干预机制，更好地实现人机协同决策。

本章完成的主要工作有以下几点：

(1) 定义了基于有限干预的无人机自主决策和自主等级概念；

(2) 设计了包含干预触发策略和干预介入方式的有人机有限干预机制；

(3) 定义了无人机自主调节维度，建立了可变自主等级调节模型；

(4) 建立了有人机与无人机有限干预协同决策运行调度模型框架。

第3章　有人机与无人机有限干预式协同决策模型

本章在对有人机与无人机有限干预式协同决策任务描述的基础上，建立了协同障碍规避决策、威胁规避决策、攻击决策等模型。通过案例仿真，对协同决策模型进行了分析和讨论。

3.1　有人机与无人机有限干预式协同决策任务描述

为了研究有人机与无人机有限干预式协同决策建模方法，对协同决策任务做以下描述：1 架有人机与 1 架无人机协同执行对地面目标攻击的任务，任务过程中无人机需要避开障碍和突发威胁，进入目标区域后需要对地面目标进行攻击决策。有人机在上述过程中进行有限干预，完成协同决策任务，如图 3-1 所示。

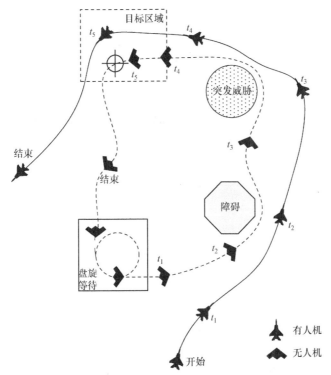

图 3-1　有人机与无人机有限干预式协同决策任务描述

　　在协同决策任务中，无人机可为有人机提供态势参数、态势认知结果、任务规划参数、任务规划结果，以及完成武器投放任务。有人机则充当监督管理者，对任务执行过程进行监督和干预，控制无人机实施打击，必要时也可以自己执行对地面目标的打击任务。因为环境有未知因素的存在，所以有人机和无人机都面临着不同程度的威胁。由于有人机有其独立的任务目标，有人机操作员在任务执行期间并没有足够的精力和时间对无人机的底层动作进行控制，如转弯、加减速等。为体现有人机与无人机协同决策的有限干预特性，重点对任务过程中的障碍规避、突发威胁规避、对地攻击这三个协同决策环节进行建模分析。

　　有研究者对同意管理模式和例外管理模式下系统的任务效能进行比较发现：同意管理模式下系统的任务效能最高，无人机存活率最高。同意管理模式下操作员对战场的态势认知水平最高，其次是手动操作，例外管理模式下操作员的态势认知水平最低。因此，建模中首先假定无人机初始自主等级为同意管理模式，必要时有人机对无人机的决策过程进行有限干预,无人机的自主等级随之发生调整。

3.2　有人机与无人机协同障碍规避决策模型

　　无人机障碍规避决策过程包括：①发现障碍物并触发障碍规避任务；②对障碍物相关信息的获取；③自主推理选择避障方案；④有人机有限干预决策下的障碍规避动作执行。

3.2.1　无人机障碍规避动作层次划分

　　假设无人机初始自主等级为同意管理模式，此时无人机在障碍规避过程中可选的动作库如表 3-1 所示。

表 3-1　无人机障碍规避动作库

动作编号	动作名称	选择条件	动作层次
A_1	避障	已知障碍	高
A_2	减速等待指令	未知障碍，距离较远	中
A_3	盘旋等待指令	未知障碍，距离中等	中
A_4	返回	通信中断	低

　　如表 3-1 所示，无人机遇到障碍时，根据障碍类型和环境因素的不同，有四个可选的动作：当障碍类型已知，无人机可直接选择规避障碍；当障碍类型未知，无人机将障碍物影像传回给有人机并根据障碍物距离选择盘旋等待，或者减速等

待有人机的控制指令；有人机操作员对障碍类型进行辨别并控制无人机进行障碍规避；当通信中断时，无人机选择返回出发地点。

3.2.2　无人机障碍规避决策的 FCM 模型

本小节利用二值 FCM 模型对节点开/关状态的描述表示无人机对动作的选择。无人机障碍规避决策时需要考虑的环境因素如表 3-2 所示。

表 3-2　无人机障碍规避考虑的环境因素

环境因素标号	环境因素名称
V_1	已知障碍
V_2	通信中断
V_3	障碍距离近
V_4	未知障碍
V_5	障碍距离远

无人机障碍规避决策的 FCM 模型如图 3-2 所示，节点定义如表 3-3 所示。图中"+"表示节点之间为正影响，"–"表示节点之间为负影响。影响关系的正负描述了决策推理过程中对各个节点因素的取舍和因素之间的相互作用关系。各节点的值域为{0,1}，其中"1"表示该节点状态有效，选择该动作，或是该环境因素

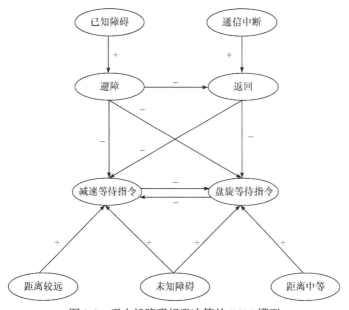

图 3-2　无人机障碍规避决策的 FCM 模型

存在；"0" 则表示节点状态无效。无人机障碍规避决策的 FCM 模型推理有两种收敛状态，分别为固定点和极限环。若 FCM 模型收敛至固定点则表示确定的动作选择；若 FCM 模型收敛至极限环则表明无人机在该情况下有多个可选方案，需要有人机干预介入。

表 3-3　无人机障碍规避决策的 FCM 模型节点定义

节点标号	节点名称
A_1	避障
A_2	减速等待指令
A_3	盘旋等待指令
A_4	返回
V_1	已知障碍
V_2	通信中断
V_3	障碍距离近
V_4	未知障碍
V_5	障碍距离远

节点状态转移函数为二值阶跃函数：

$$f(x) = \begin{cases} 0, & x \leqslant 0 \\ 1, & x > 0 \end{cases} \tag{3-1}$$

迭代公式为

$$C(k+1) = f[C(k)W] \tag{3-2}$$

状态向量为

$$\vec{C} = [A_1, A_2, A_3, A_4 \vdots V_1, V_2, V_3, V_4, V_5] \tag{3-3}$$

无人机障碍规避决策的 FCM 模型的邻接权值矩阵如表 3-4 所示。

表 3-4　无人机障碍规避决策的 FCM 模型邻接权值矩阵

节点	A_1	A_2	A_3	A_4	V_1	V_2	V_3	V_4	V_5
A_1	0	−1	−1	−1	0	0	0	0	0
A_2	0	0	−1	0	0	0	0	0	0
A_3	0	−1	0	0	0	0	0	0	0
A_4	0	−1	−1	0	0	0	0	0	0
V_1	1	0	0	0	0	0	0	0	0
V_2	0	0	0	1	0	0	0	0	0
V_3	0	0	1	0	0	0	0	0	0
V_4	0	1	1	0	0	0	0	0	0
V_5	0	1	0	0	0	0	0	0	0

3.2.3　障碍规避的有人机有限干预决策模型

在无人机障碍规避决策推理结束后,无人机会根据推理结果选择的动作进行自主等级的调节,自主等级的不同会使无人机与有人机交互方式不同,最终决定无人机的任务执行方式。

例 1:无人机遇到未知障碍,障碍距离较近,通信中断的情况。

初始节点状态向量为

$$\vec{C}=[0,0,0,0\vdots0,1,1,1,0]$$

进行迭代运算至稳定点,输出结果为

$$\vec{C}=[0,0,1,1\vdots0,1,1,1,0]$$

结果表明:无人机在本例情况下的推理结果为选择盘旋等待有人机指令和返回,即在同意管理模式下,无人机在给定时限内执行盘旋动作并等待有人机的干预指令,若超过时限仍未得到反馈,则降低任务层次,执行返回动作。

在无人机障碍规避决策任务中,若遇到未知障碍,主动请求有人机的干预,原因在于无人机缺乏关于未知障碍的信息。因此,有人机的干预方式应该以对无人机知识层面的干预为主,补充无人机关于该障碍的信息,辅助其完成障碍规避,此时有人机有限干预决策模型如图 3-3 所示。

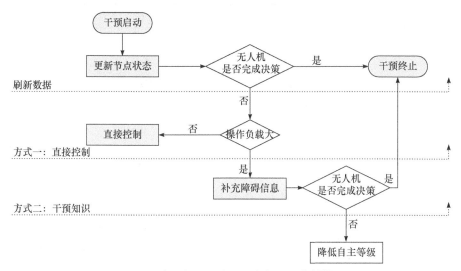

图 3-3　障碍规避的有人机有限干预决策模型

在有人机干预决策中,无人机由于缺乏对未知障碍的信息,自主性会在同一个等级内进行水平调节。因为自主等级不变,所以无人机和有人机的交互方式不变,但是水平调节将会使无人机决策可选的动作范围变小。

3.3　有人机与无人机协同威胁规避决策模型

无人机的威胁规避过程可以分为四个阶段：①突发威胁事件的触发；②对威胁信息的获取，包括威胁价值、威胁距离、是否为已知威胁等；③基于威胁信息进行决策推理，选择威胁规避动作；④有人机有限干预决策下的威胁规避动作调整和执行。

3.3.1　无人机威胁规避动作层次划分

无人机在遇到突发威胁时可选的动作有六种：当威胁价值较大且威胁源已知时，无人机可以选择自主攻击或者将态势信息传给有人机，请求有人机打击目标；若威胁价值不高则选择规避。若威胁源未知，无人机的知识库中并没有关于此威胁的知识，无人机根据威胁距离选择盘旋或减速等待有人机指令。若突发威胁距离过近，无人机没有时间进行威胁规避的临时规划，则无人机可以选择应激规避，如以最小转弯半径转弯等。若在任务过程中出现通信中断，则无人机可保守选择返回。无人机在威胁规避过程中可选的动作库如表 3-5 所示。

表 3-5　无人机威胁规避动作库

动作编号	动作名称	选择条件	动作等级
A_1	攻击决策	已知威胁，价值较大	高
A_2	规避	已知威胁，价值不高	高
A_3	减速等待指令	未知威胁，距离较远	中
A_4	盘旋等待指令	未知威胁，距离中等	中
A_5	应激规避	未知威胁，距离较近	低
A_6	返回	通信中断	低

3.3.2　无人机威胁规避自主决策 FCM 模型

无人机在规避突发威胁时，若威胁源为数据库中已知类型，则可自主进行规避决策推理；若突发威胁源为未知类型，则无人机需要将威胁源信息传回给有人机操作员，由操作员对无人机威胁规避决策过程进行有限干预。无人机威胁规避决策 FCM 模型如图 3-4 所示，节点定义如表 3-6 所示，邻接权值矩阵如表 3-7 所示。

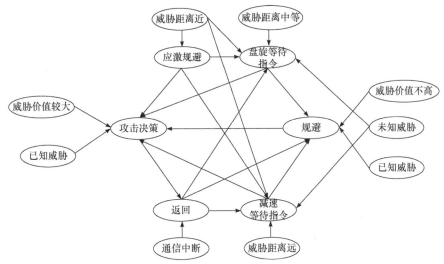

图 3-4　无人机威胁规避决策 FCM 模型

表 3-6　无人机威胁规避决策 FCM 模型节点定义

节点标号	节点名称
A_1	攻击决策
A_2	规避
A_3	减速等待指令
A_4	盘旋等待指令
A_5	应激规避
A_6	返回
V_1	威胁距离近
V_2	威胁距离中等
V_3	未知威胁
V_4	威胁距离远
V_5	通信中断
V_6	已知威胁
V_7	威胁价值

表 3-7　无人机威胁规避决策 FCM 模型的邻接权值矩阵

节点	A_1	A_2	A_3	A_4	A_5	A_6	V_1	V_2	V_3	V_4	V_5	V_6	V_7
A_1	0	0	-1	0	0	0	0	0	0	0	0	0	0
A_2	-1	0	0	0	0	0	0	0	0	0	0	0	0

节点	A_1	A_2	A_3	A_4	A_5	A_6	V_1	V_2	V_3	V_4	V_5	V_6	V_7
A_3	−1	−1	0	−1	0	0	0	0	0	0	0	0	0
A_4	−1	−1	−1	0	−1	0	0	0	0	0	0	0	0
A_5	−1	0	−1	−1	0	0	0	0	0	0	0	0	0
A_6	−1	−1	−1	−1	0	0	0	0	0	0	0	0	0
V_1	0	0	−1	−1	1	0	0	0	0	0	0	0	0
V_2	0	0	0	1	0	0	0	0	0	0	0	0	0
V_3	0	0	1	1	0	0	0	0	0	0	0	0	0
V_4	0	0	1	0	0	0	0	0	0	0	0	0	0
V_5	0	0	0	0	0	1	0	0	0	0	0	0	0
V_6	1	1	0	0	0	−1	0	0	0	0	0	0	0
V_7	1	1	0	0	0	0	0	0	0	0	0	0	0

采用二值 FCM，其节点状态转移函数及迭代公式如式(3-1)和式(3-2)所示。

无人机威胁规避决策 FCM 模型的推理会有两种收敛状态：固定点和极限环。若 FCM 模型收敛至固定点则表示确定的动作选择；若 FCM 模型收敛至极限环则表明无人机在该情况下可选方案有多种，需要有人机干预介入。

3.3.3　威胁规避的有人机有限干预决策模型

在无人机威胁规避决策推理结束后，无人机会根据推理结果选择的动作进行自主等级的调节，自主等级不同会使无人机与有人机交互方式不同，最终决定无人机的任务执行方式。

例 2：无人机在任务过程中遇到突发威胁，威胁源已知，威胁价值较大，威胁距离较近。

初始节点状态向量为

$$\vec{C} = [0,0,0,0,0,0 \vdots 1,0,0,0,0,1,1]$$

进行迭代运算至收敛点，输出节点状态向量为

$$\vec{C} = [0,1,0,0,0,1 \vdots 0,1,0,0,0,1,1]$$

结果表明：无人机在本例情况下选择的动作为规避或返回。因为初始设定为同意管理模式，倾向选择层次较高的动作，所以无人机选择威胁规避。

例 3：当威胁距离由近改为远，其余条件保持不变时，无人机的自主决策输出结果为攻击决策或者规避。说明威胁规避决策 FCM 模型考虑了威胁距离对规避和攻击决策两个动作选择的影响。在本例的情况下，无人机倾向于选择攻击决策

作为将要执行的动作。

在无人机威胁规避决策过程中,有两种情况需要有人机的干预介入:①已知威胁价值较大,无人机可以请求有人机协助攻击威胁源,消除威胁,对应于有人机的环境干预决策的介入方式。②威胁源未知,无人机无法进行自主威胁规避,需要有人机补充威胁源信息或者直接控制无人机进行威胁规避。对应于有人机的知识干预决策的介入方式。

与障碍规避过程类似,威胁规避任务过程中,有人机干预会对无人机的自主等级进行水平调整,使无人机在同一自主等级下可选的动作范围发生变化。只有当无人机在该等级下无法完成任务时,才会降低自主等级。威胁规避的有人机有限干预决策模型如图 3-5 所示。

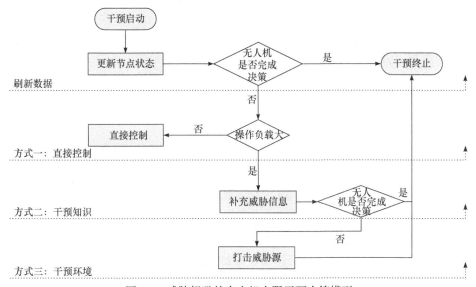

图 3-5　威胁规避的有人机有限干预决策模型

3.4　有人机与无人机协同攻击决策模型

相较于任务过程中的障碍规避和威胁规避决策,无人机的攻击决策较为复杂,涉及目标威胁评估、我方攻击优势评估、攻击决策建模等内容。相应地,有人机对无人机自主决策的干预介入也相对复杂。因此,二值 FCM 的表达能力不能满足无人机攻击决策的需求,这里采用动态模糊认知图和智能体模糊认知图等 FCM 扩展模型进行建模。

协同攻击决策过程可以描述为:根据战场环境,无人机进行自主决策,当自主决策困难时，无人机通过辅助决策节点将干预请求和建议释放电子干扰等信息发送给有人机。有人机对自主决策困难的无人机实施干预介入，通过释放干扰改变战场环境，或调整无人机自主攻击决策模型结构和门限等参数，协同完成攻击决策。

无人机自主攻击决策过程的动态性体现在：无人机接收综合的外部环境信息集合 $V=\{V_e,V_l,V_f\}$，其中 V_e 为外部环境影响，V_l 为有人机平台的影响，V_f 为其余平台的影响；同时接收概念节点向量 $\vec{C}$ 的值，并对 FCM 模型进行动态调整。

无人机自主攻击决策 FCM 建模包含以下三个方面的内容。

1) 辅助决策节点确定

辅助决策节点是模型中连接无人机和有人机之间的桥梁，也是无人机辅助决策结果的输出节点，同时是有人机协同决策的输入节点。

2) DFCM 的推理算法设计

FCM 通常涉及概念节点集 C、邻接权值矩阵 W、激活函数 f 以及 t 时刻的节点状态值集 $C(t)$，其对应数学模型为[61]

$$c_i(t+1) = f\left(k_1 c_i(t) + k_2 \sum_{\substack{i=1 \\ j\neq i}}^{n} w_{ij} c_j(t)\right) \tag{3-4}$$

式中，节点 $c_i,c_j \in C$；权值 $w_{ij} \in W$；节点状态值 $c_i(t)$ 和 $c_i(t+1)$ 分别为 t 时刻和 $t+1$ 时刻 c_i 节点的状态值；$k_1,k_2 \in [0,1]$ 为节点状态值和外部节点综合影响值的权值系数，一般地，取 $k_1=0$ 或 $k_1=1$，$k_2=1$；激活函数 f 用于将推理结果控制在某个限定模糊区间，一般为 $[0,1]$ 或 $[-1,1]$。

模型的邻接权值矩阵可以通过样本学习建立，也可以依据专家经验建立，权值矩阵蕴含着专家的先验知识，影响决策推理结果。为了避免片面的专家经验，一般 FCM 的权值矩阵由多个专家知识联合建立。

3) 邻接权值矩阵动态调整算法

为解决外部环境信息集合 V 对 W 的动态调整问题，设计具体调整公式为

$$w_{ij}(t+1) = f\left\{w_{ij}(t),V_k,a_k\right\} = \begin{cases} w_{ij}(t)(1+a_k V_k), & -1 \leqslant w_{ij}(t+1) \leqslant 1 \\ -1, & w_{ij}(t+1) < -1 \\ 1, & w_{ij}(t+1) > 1 \end{cases} \tag{3-5}$$

式中，V_k 属于外部环境信息集合 V，表示 V 中某个元素 (V_e,V_l,V_f)；a_k 为调整系数，取值范围 $[-1,1]$。邻接权值的更新是前一时刻的权值和外部环境信息节点对权值的综合影响的叠加。w_{ij} 随迭代过程动态变化，因此用 $w_{ij}(t)$ 表示 t 时刻的邻接权值。邻接权值的调整由 V_k 和 a_k 决定。其中，V_k 决定外部环境动态影响程度，a_k

决定调整力度及调整方向。

3.4.1　无人机攻击决策动作层次划分

如表 3-8 所示，无人机攻击决策可选的动作有四个，当相对优势较大时选择攻击，当无人机对目标没有攻击优势时选择退出。当无人机自主决策困难时请求有人机干预，盘旋等待有人机控制指令。当通信中断时，无人机选择自保返航。

表 3-8　无人机攻击决策动作库

动作标号	动作名称	选择条件	动作等级
A_1	攻击	相对优势较大	高
A_2	退出	没有攻击优势	高
A_3	盘旋等待指令	自主决策困难	中
A_4	自保返航	通信中断	低

3.4.2　无人机自主攻击决策 FCM 模型

1. 模型节点选取与定义

(1) 地形复杂程度：典型影响战斗行动的地形复杂程度从高到低依次为山地、高原、丘陵、盆地、平原等。地形复杂程度越高，攻击优势越弱。

(2) 目标攻击难度：在实际战场中，目标的隐蔽性、大小、速度等都影响着攻击的难度，隐蔽性越好攻击难度越大，目标的尺寸越大就越容易被发现与攻击。目标攻击难度越大，我方攻击优势越弱。

(3) 敌防空强度：对军事目标的保护是战斗防守一方必备的措施，防空火力的布局越周密、现代化程度越高、协作能力越强，我方攻击优势越弱，敌方威胁程度越强。

(4) 敌雷达状况：雷达是现代战争的"眼睛"，雷达的综合能力越高、现代化程度越高，我方攻击优势越弱，敌方威胁程度越强。

(5) 目标距离：距离优势与目标距离的关系呈单峰极值的关系，当目标距离越接近极值时，距离优势越大，对应我方攻击优势越大。

假设我方导弹的最小发射距离为 $R_{\min}$，最大发射距离为 $R_{\max}$，当与目标机的距离满足 $R > R_{\max}$ 时，认为距离优势为零；随着相对距离的减小，距离优势逐渐增大，在 $R = 0.5(R_{\max} + R_{\min})$ 时，认为距离优势达到最大值；随着相对距离的进一步减小，距离优势又逐渐减小。

由此，可以利用存在极点的模糊化函数来构造距离优势函数：

$$T = \mathrm{e}^{-\left(\frac{R-R_0}{\sigma}\right)^2} \tag{3-6}$$

式中，$R_0 = \frac{1}{2}(R_{\max} + R_{\min})$；$\sigma = \alpha(R_{\max} + R_{\min})$，$\alpha$ 为模糊因子。图 3-6 为取 $R_{\max} = 80\mathrm{km}$，$R_{\min} = 10\mathrm{km}$ 时，不同 α 值下的距离优势函数曲线。

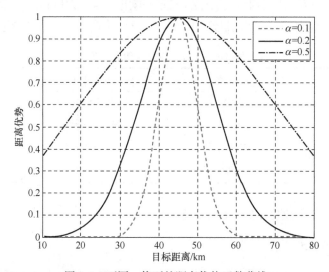

图 3-6　不同 α 值下的距离优势函数曲线

2. 模型构建与推理算法设计

图 3-7 为无人机自主攻击决策 FCM 模型，其中节点定义如表 3-9 所示。

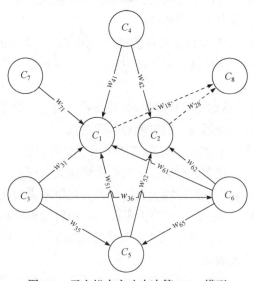

图 3-7　无人机自主攻击决策 FCM 模型

表 3-9　无人机自主攻击决策 FCM 模型节点定义

节点标号	节点名称
C_1	我方攻击优势
C_2	目标威胁程度
C_3	地形复杂程度
C_4	目标攻击难度
C_5	敌防空强度
C_6	敌雷达状况
C_7	目标距离
C_8	需要释放干扰强度

表 3-9 中，$C_3 \sim C_7$ 为输入节点，C_8 为辅助决策节点，负责为有人机干预辅助决策预留接口。C_1、C_2 为 FCM 模型推理的输出节点，输出我方攻击优势与目标威胁程度。同时 C_1、C_2 为 C_8 的输入节点，用来对辅助决策结果进行推理。C_3、C_4、C_5、C_6 对 C_1 为负影响，C_7 对 C_1 为正影响，C_4、C_5、C_6 对 C_2 为正影响。

模型的权值矩阵如下：

$$W = \begin{bmatrix} 0 & 0 & 0 & 0 & 0 & 0 & 0 & -0.1 \\ 0 & 0 & 0 & 0 & 0 & 0 & 0 & 0.7 \\ -0.65 & 0 & 0 & 0 & 0.1 & 0.2 & 0 & 0 \\ -0.35 & 0.2 & 0 & 0 & 0 & 0 & 0 & 0 \\ -0.8 & 0.85 & 0 & 0 & 0 & 0 & 0 & 0 \\ -0.7 & 0.6 & 0 & 0 & 0.55 & 0 & 0 & 0 \\ 0.5 & 0 & 0 & 0 & 0 & 0 & 0 & 0 \\ 0 & 0 & 0 & 0 & 0 & 0 & 0 & 0 \end{bmatrix}$$

无人机自主攻击决策 FCM 模型的推理分为两步：

(1) 由图 3-7 模型推理得出 C_1、C_2 的节点状态。

(2) 由 C_1、C_2 的节点状态推理得出 C_8 的节点状态。

以上两步属于不同的推理类型，故应分别设计合适的推理算法。根据目标威胁和攻击优势的特点，设计 FCM 模型的第一步决策推理算法如下：

$$\begin{cases} c_i(t+1) = f\left(\sum_{\substack{i=1 \\ j \neq i}}^{n} c_j(t) w_{ji} \right) \\ f(x) = \dfrac{x-b}{a-b} \end{cases} \tag{3-7}$$

式中，$a = \sum w_{ij}^{+}$；$b = \sum w_{ij}^{-}$；w_{ij}^{+}表示正影响权值；w_{ij}^{-}表示负影响权值。

该推理算法有如下特点：

(1) 推理结果在[0,1]，与节点所受综合影响正相关，能够动态调整。

(2) 输入序列为$C_3 \sim C_7 = \begin{bmatrix} 1 & 1 & 1 & 1 & 0 \end{bmatrix}$，即各个模糊节点取不利于攻击的最大模糊值时，我方攻击优势C_1最小。目标威胁程度C_2最大，与主观经验一致。

(3) 输入序列为$C_3 \sim C_7 = \begin{bmatrix} 0 & 0 & 0 & 0 & 1 \end{bmatrix}$，即各个模糊节点选取影响目标威胁程度的最小模糊值时，我方攻击优势C_1最大。目标威胁程度C_2最小，与主观经验一致。

综上所述，上述推理算法适用于节点C_1、C_2的决策推理。于是有

$$\begin{cases} C_1 = \dfrac{\sum\limits_{i=1}^{8}(C_i \times w_{i1}) + \sum\limits_{i=3}^{6}|w_{i1}|}{\sum\limits_{i=1}^{8}|w_{i1}|} \\[4mm] C_2 = \dfrac{\sum\limits_{i=1}^{8}(C_i \times w_{i2})}{\sum\limits_{i=1}^{8}|w_{i2}|} \end{cases} \tag{3-8}$$

根据辅助决策节点C_8与C_1、C_2的关系特点，第二步决策推理算法如下[62]：

$$c_i^{t+1} = \begin{cases} c_i^t + s_i^t(1 - c_i^t), & c_i^t \geqslant 0, s_i^t \geqslant 0 \\ c_i^t + s_i^t(1 + c_i^t), & c_i^t < 0, s_i^t < 0 \\ c_i^t + \dfrac{1}{2}s_i^t, & \text{其他} \end{cases} \tag{3-9}$$

式中，$s_i^t = \sum c_j w_{ji}$。

为验证式(3-9)的合理性，现针对C_1、C_2、C_8建立辅助决策FCM模型，如图3-8所示。

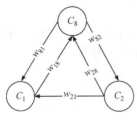

图3-8　辅助决策FCM模型

C_1的增大会使C_8减小，C_2的增大会使C_8增大，同时会使C_1减小。C_8增大会使C_1增大同时使C_2减小。根据上述规则设计邻接权值矩阵为

$$W = \begin{bmatrix} 0 & 0 & -0.1 \\ -0.3 & 0 & 0.7 \\ 0.2 & -0.7 & 0 \end{bmatrix}$$

进行迭代推理的仿真结果如图3-9所示。

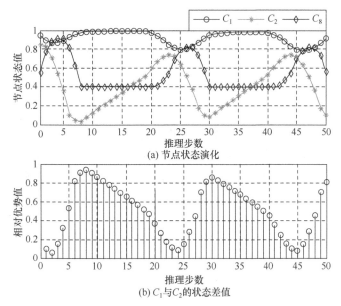

图 3-9 进行迭代推理的仿真结果

图 3-9(a)为辅助决策 FCM 模型的节点状态演化图,展示了关键节点的演化情况。节点 C_1 与节点 C_2 的状态差值为我方的相对优势值,如图 3-9 (b)所示。约定最小释放干扰强度为 0.4 个单位。由此可见,辅助决策节点 C_8 的状态(需释放的干扰强度)会随着节点 C_1 (我方攻击优势)和节点 C_2 (目标威胁程度)的相互关系而动态变化。在我方相对优势减小时,C_8 输出会增加,目标威胁程度相对减小。在相对优势较强时,C_8 输出会相应地减弱,目标威胁程度相对增加。因此,图 3-8 中的辅助决策模型很好地模拟了释放干扰对目标威胁的抑制作用;同时释放干扰强度可根据目标威胁动态调整,从而验证了用式(3-9)作为推理算法的合理性。

3. 环境变量定义与模型参数调节

考虑影响无人机自主决策过程的三个环境变量:

(1) V_e: 天气情况影响,对应模糊值的取值范围[0,1]。一般来说,天气情况会对信息获取设备有一定程度的影响,天气越差,其模糊值越小,敌我方信息获取能力就会越差。相对而言,对防御一方的负面影响更大,攻击一方优势增大。

(2) V_1: 我方释放干扰强度,对应模糊值的取值范围[0,1]。显然,干扰强度越大,模糊值越大,我方攻击优势越大。

(3) V_f: 接收友方支援信息,对应模糊值的取值范围[0,1]。主要包括我方其他编队以及地面控制站等不同平台的支援信息,模糊值越大,表明我方优势越明显。

引入 V_e、V_1 和 V_f 之后,根据式(3-5)中的邻接权值矩阵 W 的动态调整算法,得到具体调整关系及算法如下[61]：

$$w_{ij}^t = f_\omega^x\left(w_{ij}^0, V_k, a_k\right) = \begin{cases} w_{ij}^0(1 + a_k V_k), & -1 \leqslant w_{ij}^t \leqslant 1 \\ -1, & w_{ij}^t < -1 \\ 1, & w_{ij}^t > 1 \end{cases} \qquad (3\text{-}10)$$

式中，w_{ij}^0 为受环境变量影响需要进行调整的邻接权值；w_{ij}^t 为调整后的权值。

由此，可以建立考虑环境因子动态影响下的无人机自主攻击决策 DFCM 模型，如图 3-10 所示，以及动态邻接权值的调整关系，如表 3-10 所示。

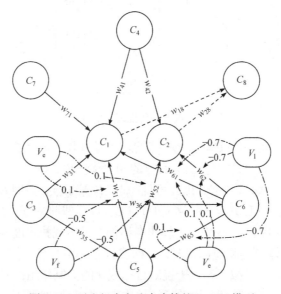

图 3-10　无人机自主攻击决策的 DFCM 模型

表 3-10　动态邻接权值的调整关系

w_{ij}	基于 V_k 的 w_{ij} 调节	
w_{51}	$f_\omega^x\left(w_{51}, V_e, 0.1\right)$	$f_\omega^x\left(w_{51}, V_f, -0.5\right)$
w_{52}	$f_\omega^x\left(w_{52}, V_e, 0.1\right)$	$f_\omega^x\left(w_{52}, V_f, -0.5\right)$
w_{61}	$f_\omega^x\left(w_{61}, V_e, 0.1\right)$	$f_\omega^x\left(w_{61}, V_1, -0.7\right)$
w_{62}	$f_\omega^x\left(w_{62}, V_e, 0.1\right)$	$f_\omega^x\left(w_{62}, V_1, -0.7\right)$
w_{65}	$f_\omega^x\left(w_{65}, V_e, 0.1\right)$	$f_\omega^x\left(w_{65}, V_1, -0.7\right)$

3.4.3　协同攻击的有人机有限干预决策模型

1. 无人机攻击决策输出模型

无人机自主攻击决策时，将战场环境转化为我方攻击优势(C_1)和目标威胁程度(C_2)。根据 C_1 和 C_2 的状态动态调整决策结果[63]，我方攻击优势的增大有利于攻击，目标威胁的增强不利于攻击，如图 3-11 所示。在无人机自主攻击决策输出不确定时，触发有人机的干预。

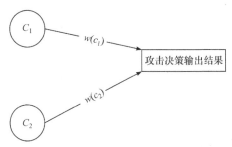

图 3-11　攻击决策 FCM 模型

$w(c_1)$ 和 $w(c_2)$ 分别表示节点 C_1 和 C_2 状态的动态权值，动态邻接权值设计为

$$w(c_1) = \begin{cases} 1, & c_1 > 0.8 \\ c_1, & 0.4 \leqslant c_1 \leqslant 0.8 \\ -1, & c_1 < 0.4 \end{cases}$$

$$w(c_2) = \begin{cases} -1, & c_2 > 0.7 \\ -c_2, & 0.35 \leqslant c_2 \leqslant 0.7 \\ 1, & c_2 < 0.35 \end{cases} \tag{3-11}$$

攻击决策节点的推理决策函数为

$$\text{DecisionFunction} = S\big[w(c_1) + w(c_2)\big] \tag{3-12}$$

$$S(x) = \begin{cases} -1, & x \leqslant \delta \\ 0, & \delta < x < \varepsilon \\ 1, & x \geqslant \varepsilon \end{cases}$$

$$\text{DecisionResult} = \begin{cases} \text{Quit}, & S(x) = -1 \\ \text{Unsure}, & S(x) = 0 \\ \text{Attack} & S(x) = 1 \end{cases}$$

式中，δ 和 ε 为决策结果的门限参数，其直观含义如图 3-12 所示，δ 和 ε 的值将决定决策输出结果。δ 和 ε 的值可以预先根据专家经验设定或通过数据样本学习

得到，实际取值还可根据战场环境变化动态调节。DecisionResult 为无人机自主决策结果，Quit 表示决策结果为"退出"，Unsure 表示决策结果"不确定"，Attack 表示决策结果为"攻击"。δ_{max} 和 δ_{min}、ε_{max} 和 ε_{min} 分别为 δ 和 ε 的上下限。

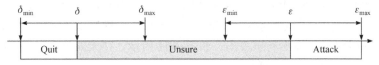

图 3-12　决策门限参数的直观含义图

决策推理结果的置信度计算如下：

$$\begin{cases} A_{\text{confidence}} = \left| \dfrac{r - \varepsilon_{\min}}{\varepsilon_{\max} - \varepsilon_{\min}} \right| \\[4mm] Q_{\text{confidence}} = \left| \dfrac{r - \delta_{\max}}{\delta_{\max} - \delta_{\min}} \right| \end{cases} \tag{3-13}$$

式中，$A_{\text{confidence}}$ 为决策结果是 Attack 的置信度；$Q_{\text{confidence}}$ 为决策结果是 Quit 的置信度；$r = w(c_1) + w(c_2)$。决策结果为 Attack 的推理数值越接近 $\varepsilon_{\max}$，决策结果置信度越高；决策结果为 Quit 的推理数值越接近 $\delta_{\min}$，决策结果置信度越高。

2. 有人机协同攻击有限干预决策模型

在同意管理模式下无人机自主攻击决策出现困难时，调整自主等级并请求有人机介入干预。在无人机自主攻击决策的过程中，有人机的干预方式最丰富，情况也最复杂。有人机协同攻击有限干预决策模型如图 3-13 所示。

1) 直接控制

考虑对地攻击所需任务要求，当有人机操作员任务负荷较小时，优先选择对无人机进行指令操作，此时无人机降低自主等级；当无人机处于操作员决策模式时，无人机提供任务规划参数，即我方攻击优势和目标威胁，有人机进行攻击决策并授权无人机投放武器。当无人机处于指令控制模式时，无人机提供战场态势信息，有人机操作员进行攻击优势和目标威胁的分析并做出攻击决策。

2) 干预环境

无人机决策出现困难时，辅助决策节点在发出干预请求的同时，也为有人机的干预提供辅助信息。根据辅助决策节点 C_8 的定义，无人机向有人机请求干预时，会同步发送建议释放干扰强度的信息。有人机释放干扰可改变战场态势，利用辅助决策 FCM 模型对 C_1 和 C_2 节点的状态进行控制，同时更新了无人机关于目标的数据和信息，从而影响无人机自主决策结果的输出，实现有限干预决策。

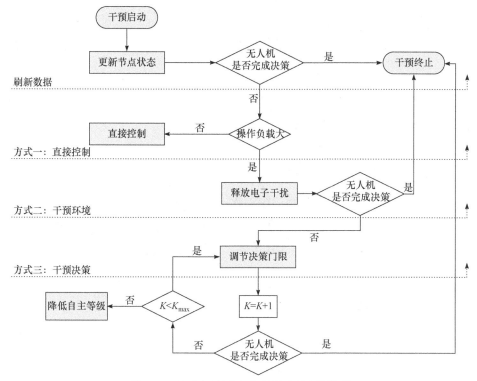

图 3-13　有人机协同攻击有限干预决策模型

3) 干预决策

无人机自主决策推理发生困难时，有人机可以通过补充目标优先级信息、调节决策门限参数等决策干预介入方式，与无人机协同完成攻击决策。无人机自主决策推理的门限参数调节原则如下：

(1) 如果目标威胁较大，则调大 δ，使无人机倾向于 Quit。

(2) 如果目标威胁较小，则调小 ε，使无人机倾向于 Attack

(3) 如果目标任务优先级高，则调小 ε，使无人机倾向于 Attack。

(4) 如果目标任务优先级低，则调大 δ，使无人机倾向于 Quit。

综合上述 4 条原则，得到如下规则：

如果任务优先级低，则 Quit。

如果任务优先级高且威胁大，则 Unsure。

如果任务优先级高且威胁小，则 Attack。

根据调节规则，在任务优先级低的状态下，无人机攻击决策结果为 Quit。在任务优先级高的状态下，设计 δ 和 ε 的调节函数为

$$
\begin{cases}
\delta(T) = \begin{cases} \delta_0, & T \leqslant 2T_0 \\ e^{-T+2T_0} + \delta_0 - 1, & T > 2T_0 \end{cases} \\
\varepsilon(T) = AT^2 + BT + C \\
A = \dfrac{\varepsilon_0(1-\varepsilon_{\min})}{T_0^2} \\
B = \dfrac{2\varepsilon_0(\varepsilon_{\min}-1)}{T_0} \\
C = \varepsilon_0
\end{cases}
\tag{3-14}
$$

式中，δ_0 和 ε_0 为自主决策的决策门限参数；T 为目标的威胁值；T_0 为威胁的最小值。δ 的调节范围为 $[\delta_0, \delta_{\min}]$，$\varepsilon$ 的调节范围为 $[\varepsilon_{\min}, \varepsilon_{\max}]$。现假定一组参数，对 δ 和 ε 的调节函数随目标威胁的变化情况进行仿真，结果如图 3-14 所示。

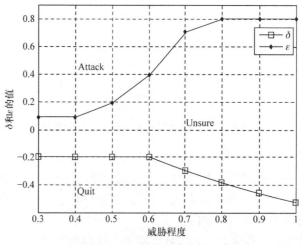

图 3-14　决策门限调节

　　随着目标威胁程度的增加，δ 和 ε 的变化曲线将整个决策结果平面分为 Attack、Unsure 和 Quit 3 个部分，无人机 FCM 模型自主决策结果落入不同区域，对应不同的决策结果。启动调整决策门限的干预方式后，在目标任务优先级高的情况下，当目标威胁较小时，无人机自主决策倾向于 Attack。当目标威胁程度逐渐增大，无人机攻击风险增加，其自主决策倾向于 Unsure。此时无人机降低自主等级，以等待有人机的进一步干预。

　　鉴于无人机对地攻击决策的特点，无人机最终的决策结果只能是攻击目标或退出攻击，决策困难时出现的盘旋等待只是过渡状态。无人机对地攻击时初始自主等级为同意管理模式，当无人机决策结果不确定时，无人机不能形成任务规划结果，此时无人机降低自主等级，将任务参数传给有人机并请求有人机干预。若等待时间内无人机未收到有人机的干预反馈，则选择退出攻击。

3.5　有人机与无人机有限干预式协同决策仿真与分析

3.5.1　仿真过程和分析指标选取

本节针对无人机在任务过程中的障碍规避、威胁规避、攻击决策三个主要环节进行仿真，选取相应的评估指标进行分析，仿真与分析过程如图 3-15 所示。

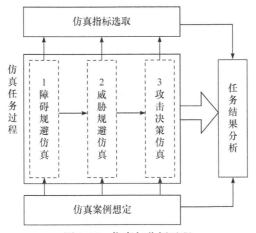

图 3-15　仿真与分析过程

针对无人机自主决策的特点与适用性，选取的评估指标如下。

1) 任务复杂程度

任务由动作序列构成，任务复杂程度与动作复杂程度有关。定义动作复杂程度函数如下：

$$d(a)=\begin{cases}d_1=1, & a\in A_H\\ d_2=\dfrac{1}{2}, & a\in A_I\\ d_3=0, & a\in A_L\end{cases} \tag{3-15}$$

式中，$d(a)$ 表示动作 a 的复杂程度，当一个任务由若干个动作序列组成时，该任务的复杂程度可以表示如下：

$$D(t)=1-\frac{1}{d_1 N_H+d_2 N_I+d_3 N_L} \tag{3-16}$$

式中，$D(t)$ 表示任务 t 的复杂程度；N_H 表示任务动作序列中包含高层次动作的个数；N_I表示任务动作序列中包含中间层次动作的个数；N_L表示任务动作序列中包含低层次动作的个数。任务t的复杂程度可以进一步表示为

$$D(t) = 1 - \frac{1}{N_H + 0.5 N_I} \tag{3-17}$$

任务t的复杂程度$D(t) \in [0,1]$，$D(t) = 0$表示任务t非常简单，$D(t) = 1$表示任务t极其复杂。无人机处理的任务越复杂，表明无人机自主等级越高，从而使操作员的任务越简单，反之亦然。若$D(t)$表示无人机执行任务复杂程度，则有人机操作员任务复杂程度为

$$\hat{D}(t) = 1 - D(t), \quad \hat{D}(t) \in [0,1] \tag{3-18}$$

2) 交互次数

交互次数反映了有人机与无人机之间的信息交流，有人机和无人机之间的交互总是伴随着有人机干预和无人机自主等级调节。有人机和无人机的交互次数对操作员态势认知水平会产生影响，过多的交互会使操作员压力陡增，造成"超负荷"现象，过少的交互会造成"人不在回路"现象[64-66]。交互次数的统计可在任务仿真的过程中完成。

3) 操作员态势认知水平

操作员态势认知水平及有人机和无人机之间的交互次数与无人机的自主等级有关。一般地，同意管理模式下操作员对战场的态势认知水平最高，其次是手动操作，例外管理模式下操作员的态势认知水平最低。从操作员的角度来讲，其更期望无人机尽可能多地处于同意管理模式，由此可以定性地描述无人机在各自主等级下的态势认知能力：

同意管理模式 > 指令操作 > 操作员决策 > 例外管理模式

因此，基于无人机自主等级和人机交互次数的操作员态势认知水平评估公式可表示为

$$SA = \sum_{i=1}^{4} \frac{Ca_i}{Cn} \cdot wg_i \tag{3-19}$$

式中，SA表示操作员的态势认知水平；Ca_i表示自主等级i出现的次数；Cn表示任务过程中总的交互次数；wg_i表示自主等级i对态势认知的影响权值。

4) 任务完成程度

任务完成程度在一定意义上反映了无人机完成任务的效能，是有人机与无人机有限干预式协同决策机制执行效果最直接的衡量标准。定义任务完成程度计算方法如下：

$$任务完成程度 = \frac{n}{N} \times 100\% \tag{3-20}$$

式中，n 为完成子任务的个数；N 为子任务个数总和。

3.5.2　有人机与无人机协同障碍规避决策仿真与分析

无人机障碍规避任务的三种仿真想定，分为通信正常和通信中断两大类，而通信正常情况下又分为已知障碍和未知障碍两种类型，如表 3-11 所示。

表 3-11　无人机障碍规避任务的三种仿真想定

想定	障碍类型	障碍距离	通信状况	初始自主等级
1	已知障碍	远	通信正常	同意管理模式
2	未知障碍	近	通信正常	同意管理模式
3	未知障碍	远	通信中断	同意管理模式

对于想定 1，障碍类型为已知障碍，无人机拥有障碍规避所需的知识，所以不需要有人机的干预，无人机自主完成障碍规避决策过程，同意管理模式下，需要得到操作员同意方可执行，如图 3-16 所示。

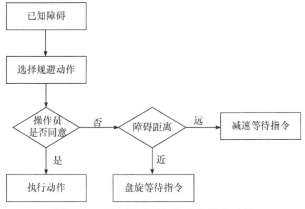

图 3-16　无人机对已知障碍的规避过程

对于想定 2，障碍类型为未知障碍，无人机不具备障碍规避所需的知识，向有人机发送障碍图像信息并请求有人机干预。有人机在收到无人机传回的障碍信息之后，通过干预交互接口为无人机补充障碍的规避类型，辅助无人机完成障碍规避。整个规避过程中，无人机始终处于同意管理模式下，并在该等级下通过降低选择动作的复杂程度，对无人机自主等级进行水平调节，如图 3-17 所示。

对于想定 3，无人机遇到未知障碍，请求有人机干预的过程中通信中断，无

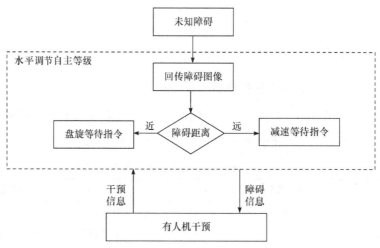

图 3-17　无人机对未知障碍的规避过程

法收到有人机的干预信息。此时无人机自主等级调节包括两个维度：①请求干预时进行水平调节自主维度，缩小动作范围，降低动作复杂程度。②在一定时间限制内未收到有人机的干预反馈，则对自主等级进行垂直调节，降低自主等级，等待操作员决策结果和操作指令。若超出时间限制仍未收到有人机反馈，则选择自保，返回基地，如图 3-18 所示。

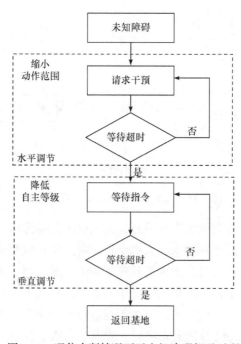

图 3-18　通信中断情况下无人机障碍规避过程

通过仿真，可以统计无人机障碍规避决策中的各项指标，如表 3-12 所示。

表 3-12　无人机障碍规避任务过程指标统计

想定	交互次数	执行动作序列(自主等级)	任务完成情况
1	1	避障(3)	完成
2	2	盘旋等待指令(3)→避障(3)	完成
3	0	减速等待指令(2)→返回(2)	未完成

表 3-12 中，动作名称后的括弧中标出了执行该动作所处的自主等级。由仿真结果分析可知：对于已知障碍，无人机可以充分发挥其自主能力，自主完成障碍规避；对于未知障碍，无人机需要在有人机的干预下完成规避，充分发挥无人机的自主执行和有人机操作员的分析判断能力；对于通信中断等极端情况，无人机可以通过对自主等级的调整，在等待通信恢复的同时保证自身的安全，必要时选择自保。由此可见，有限干预决策机制可以结合无人机和有人机的特点，对不同的障碍类型和环境状况有较好的应变能力。

3.5.3　无人机威胁规避任务案例仿真

无人机威胁规避任务的三种仿真想定，分为通信正常和通信中断两大类，而通信正常情况下又分为已知威胁和未知威胁两种情况，如表 3-13 所示。

表 3-13　无人机威胁规避任务的三种仿真想定

想定	威胁类型	威胁价值	威胁距离	通信状况	初始自主等级
1	已知威胁	价值较大	距离中等	通信正常	同意管理模式
2	未知威胁	未知	距离较远	通信正常	同意管理模式
3	未知威胁	未知	距离较近	通信中断	同意管理模式

对于想定 1，无人机具备对已知威胁的规避知识，可以自主完成威胁规避决策。对于价值较大的威胁源，无人机可以选择规避，也可以选择请求有人机干预，通过火力打击摧毁威胁源，过程如图 3-19 所示。

对于想定 2，无人机不能自主完成威胁规避决策，需要请求有人机干预。同时传回威胁源的相关信息。有人机操作员可以根据威胁源的信息进行综合分析判断，通过干预交互接口辅助无人机完成威胁规避任务。无人机对未知威胁的规避过程如图 3-20 所示。

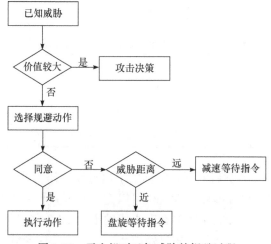

图 3-19　无人机对已知威胁的规避过程

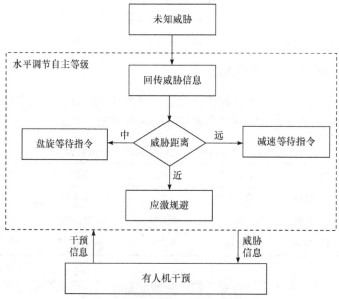

图 3-20　无人机对未知威胁的规避过程

　　无人机将未知威胁相关信息传回给有人机并请求干预,同时等待有人机干预指令。有人机操作员对无人机提供的威胁信息进行综合分析,选择干预方式,此处有人机的干预方式主要有三种:①通过指令直接控制无人机完成规避;②补充威胁源信息辅助无人机完成规避;③对于非常有价值的威胁源,有人机直接或控制无人机对威胁进行攻击。在想定 2 中,无人机始终处于同意管理模式下,并在该等级下通过降低选择动作的复杂程度,对自主等级进行水平调节。有人机通过补充威胁源信息的方式，辅助无人机完成威胁规避。

对于想定 3，无人机不能自主完成威胁规避决策，同时又无法获取有人机的干预信息。此时无人机选择调整自主等级，若超过时限仍然未收到有人机干预信息，则选择自保，返回基地。通信中断情况下无人机威胁规避过程如图 3-21 所示。同障碍规避类似，无人机在通信中断情况下进行威胁规避的过程中包含对自主等级两个维度的调整。

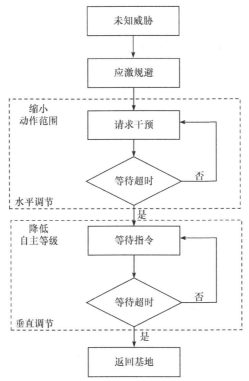

图 3-21　通信中断情况下无人机威胁规避过程

通过仿真，可以统计无人机威胁规避决策中的各项指标，如表 3-14 所示。

表 3-14　无人机威胁规避任务过程指标统计

想定	交互次数	执行动作序列(自主等级)	任务完成情况
1	2	攻击决策(3)/规避(3)	完成
2	2	减速等待指令(3)→规避(3)	完成
3	0	应激规避(3)→盘旋等待指令(2)→返回(2)	未完成

由仿真结果分析可知：对于已知威胁，无人机可以充分发挥其自主能力，独

立完成威胁规避，或通过打击威胁源消除威胁；对于未知威胁，无人机必须在有人机操作员的指导下完成规避，发挥无人机的自主执行能力和有人机操作员的分析判断能力；对于通信中断等极端情况，无人机可以通过对自主等级的调整，在等待通信恢复的同时保证自身的安全。由此可见，有限干预决策机制可以结合无人机和有人机的特点，对不同的威胁类型和环境状况有较好的应变能力。

3.5.4　无人机目标攻击任务案例仿真

无人机的目标攻击过程较为复杂，在攻击决策过程中的干预方式相对多样。无人机自主攻击决策涉及对战场态势的模糊化，这里将直接采用代表态势的 FCM 模型节点模糊化后的结果作为想定，如表 3-15 所示。

表 3-15　无人机攻击决策目标想定

目标	C_3	C_4	C_5	C_6	C_7
1	0.1	0.1	0.1	0.1	45
2	0.5	0.5	0.5	0.5	65
3	0.4	0.5	0.5	0.6	50
4	0.8	0.6	0.6	0.8	70
数据类型	模糊值	模糊值	模糊值	模糊值	真实值(km)

表 3-15 取四组较典型目标进行攻击决策仿真，分析可知：目标 1 所处的地形复杂程度低，攻击难度低，敌防空火力状况差，雷达状况差，距离优势最大，最有利于攻击。目标 4 的地形复杂，攻击难度大，敌防空火力强，雷达状况较好，距离优势较弱，不利于攻击。目标 2 和目标 3 的节点状态介于目标 1 和目标 4 之间。由于无人机对地攻击的特殊性，无人机的最终决策结果只能是"攻击"(Attack)或者"退出"(Quit)。盘旋等待只是无人机自主决策结果为"不确定"(Unsure)时的过渡状态。当无人机自主决策结果为"不确定"时，需要有人机干预完成协同攻击决策。

1. 无人机攻击决策监督控制仿真系统界面

如图 3-22 所示，无人机攻击决策与有人机有限干预监督控制仿真界面分为四个主要模块。①输入模块：包括地形复杂程度、目标攻击难度、敌防空强度、敌雷达状况、目标距离、目标优先级(priority，PRI)、环境影响因子(V_e,V_1,V_t)。②输出模块：包括战场态势评估，即我方攻击优势和目标威胁程度；有人机-无人机最终决策结果；有人机对无人机决策门限的调节结果。③无人机决策状态模块：显示无人机自主决策结果和有人机对无人机请求干预的方式。④有人机干预模块：

显示有人机的干预方式和决策门限设定。

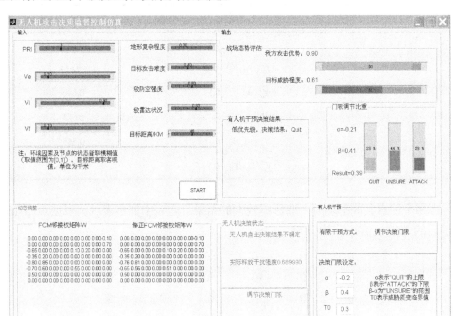

图 3-22 无人机攻击决策与有人机有限干预监督控制仿真界面

攻击决策任务开始后，无人机根据战场态势进行自主决策，当自主决策出现困难时，无人机将战场态势信息传给有人机，有人机根据收到的战场态势信息进行对无人机的干预，从而完成有人机与无人机协同攻击决策过程。

2. 邻接权值矩阵动态调整仿真

无人机推理决策 FCM 模型的邻接权值矩阵代表概念之间的因果关系和因果影响的权值，是专家先验知识和数据库支持的体现，根据外部环境变量的动态变化调整邻接权值矩阵体现了无人机自主决策 FCM 模型的动态推理特性。假设外部环境变量 V 的模糊值皆为 0.1，邻接权值矩阵动态调整仿真如表 3-16 所示。

表 3-16 邻接权值矩阵动态调整仿真

w_{ij}	w_{ij}^0	V_k 的影响	w_{ij}^t
w_{51}	-0.8	$f_\omega^x(w_{51}, V_{e1}, 0.1)$	-0.808
		$f_\omega^x(w_{51}, V_{f1}, -0.5)$	**-0.760**
w_{52}	0.85	$f_\omega^x(w_{52}, V_{e1}, 0.1)$	0.858
		$f_\omega^x(w_{52}, V_{f1}, -0.5)$	**0.807**

续表

w_{ij}	w_{ij}^0	V_k 的影响	w_{ij}^t
w_{61}	−0.7	$f_\omega^x(w_{61}, V_{e1}, 0.1)$	−0.707
		$f_\omega^x(w_{61}, V_{11}, -0.7)$	**−0.651**
w_{62}	0.6	$f_\omega^x(w_{62}, V_{e1}, 0.1)$	0.606
		$f_\omega^x(w_{62}, V_{11}, -0.7)$	**0.558**
w_{65}	0.55	$f_\omega^x(w_{65}, V_{e1}, 0.1)$	0.555
		$f_\omega^x(w_{65}, V_{11}, -0.7)$	**0.511**

当多个因素共同影响时，取影响较大的结果，在表中加粗表示。根据表 3-16，修正后的邻接权值矩阵为

$$
\begin{bmatrix}
0 & 0 & 0 & 0 & 0 & 0 & 0 & -0.1 \\
0 & 0 & 0 & 0 & 0 & 0 & 0 & 0.7 \\
-0.65 & 0 & 0 & 0 & 0.1 & 0.2 & 0 & 0 \\
-0.35 & 0.2 & 0 & 0 & 0 & 0 & 0 & 0 \\
\mathbf{-0.760} & \mathbf{0.807} & 0 & 0 & 0 & 0 & 0 & 0 \\
\mathbf{-0.651} & \mathbf{0.558} & 0 & 0 & \mathbf{0.511} & 0 & 0 & 0 \\
0.5 & 0 & 0 & 0 & 0 & 0 & 0 & 0 \\
0 & 0 & 0 & 0 & 0 & 0 & 0 & 0
\end{bmatrix}
$$

3. 无人机攻击决策及有人机有限干预决策仿真

根据表 3-15 仿真想定进行有人机与无人机协同攻击决策仿真，表 3-17 为无人机自主决策仿真结果。其中符号"●"表示决策结果为"攻击(Attack)"；"◐"表示决策结果"不确定(Unsure)"；"○"表示决策结果为"退出(Quit)"；"\"表示该表格框中无内容。后文中同一符号表达相同含义。需要说明的是，当有人机输出的干扰强度不足以干预无人机做出确定决策时，C_8 值将进行更新。

表 3-17　无人机自主决策仿真结果

目标	C_1	C_2	δ	ε	推理结果	决策结果	C_8	置信度
1	0.92	0.10	−0.20	0.40	1.00	●	—	1.00
2	0.43	0.50	−0.20	0.40	−0.06	◐	0.92	—
3	0.57	0.54	−0.20	0.40	0.05	◐	0.69	—
4	0.25	0.67	−0.20	0.40	−1.00	○	—	0.82
数据类型	模糊值	模糊值	模糊值	模糊值	模糊值	模糊值	模糊值	精确值

表 3-18 为有人机与无人机协同攻击决策仿真结果。表中第二列为表 3-17 中的无人机自主决策结果，最后一列为有人机-无人机协同决策结果。

表 3-18　有人机与无人机协同攻击决策仿真结果

目标	无人机自主决策	干预需求	干预类型	补充信息	协同决策
1	●	×	—	—	●
2	◑	√	¤	—	●
3	◑	√	¤ ↔	■	●
4	○	×	—	—	○

注："√"和"×"分别表示需要和不需要进行干预；"■"和"□"分别表示目标任务优先级的高低；"¤"表示干预方式为释放电子干扰；"↔"表示干预方式为调节决策门限。

对于目标 2 和目标 3，无人机自主决策不确定，触发干预。表 3-19 为有人机干预下的无人机自主决策参数调整情况。表中 C_1^* 和 C_2^* 分别为干预后的我方攻击优势和目标威胁推理结果；δ^* 和 ε^* 为干预后的决策门限调整值；最后一列为干预后无人机的推理结果值。

表 3-19　有人机干预下的无人机自主决策参数调整情况

目标	C_1^*	C_2^*	δ^*	ε^*	干预推理结果值
2	0.86	0.57	−0.20	0.40	0.43
3	0.79	0.55	−0.15	0.31	0.44
数据类型	模糊值	模糊值	模糊值	模糊值	模糊值

从表 3-17 和表 3-18 中可以看出，目标 1 和目标 4 的特征较为明显，由无人机自主决策结果确定；对于目标 2 和目标 3，无人机自主决策结果不确定，需要有人机干预进行协同决策，具体流程如图 3-23 所示，实线框表示决策状态的转化，虚线框表示有人机具体干预方式。

由表 3-17 和表 3-19 可知，对于目标 2，我方优势和目标威胁分别为 0.43 和 0.50，无人机自主决策结果不确定，启动干预，根据无人机辅助决策节点的建议释放干扰强度，有人机经过两次释放干扰后，我方优势和目标威胁的决策结果变为 0.86 和 0.57，无人机方可做出确定决策，自主决策结果为 Attack。

对于目标 3，我方优势和目标威胁分别为 0.57 和 0.54，无人机自主决策结果不确定，启动干预，释放干扰后，我方优势和目标威胁分别为 0.79 和 0.55，无人机仍无法给出确定的决策，需要补充目标任务优先级信息。针对目标 3，若目标任务优先级低，则无人机决策结果为 Quit。在本想定中，想定补充信息为目标任务优先级高，则根据目标威胁程度动态调整决策门限值，调整后无人机决策仿真结果为 Attack。

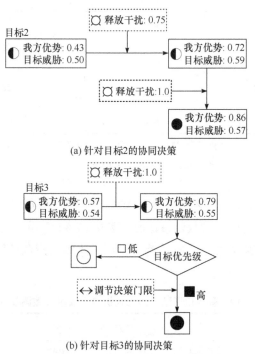

(a) 针对目标2的协同决策

(b) 针对目标3的协同决策

图 3-23　对目标 2、3 的协同决策流程

通过仿真，可以统计无人机目标攻击决策任务中的各项指标，如表 3-20 所示。

表 3-20　无人机目标攻击决策任务过程指标统计

目标想定	交互次数	动作序列(自主等级)	任务完成程度
1	1	攻击(3)	完成
2	3	盘旋等待(3)→攻击(3)	完成
3	3	盘旋等待(3)→攻击(3)	完成
4	1	退出(3)	未完成

由表 3-20 可以看出，对目标特征比较明显的情况，如目标 1 和目标 4，无人机可以自主完成攻击决策。当目标威胁与我方攻击优势比较接近，如目标 2 和目标 3，战场态势不明确时，无人机会出现自主决策困难。需要发挥有人机操作员

对战场态势的认知分析能力，通过对环境和无人机决策过程的两方面干预协同完成决策。

3.5.5　仿真结果分析及结论

为体现可变自主监督控制模式的特点，本小节首先对子任务过程中可变自主监督控制的特点进行总结，再将子任务串联，分别对无人机在指令控制模式、可变自主模式和完全自主模式的任务执行指标进行分析对比，试图说明各模式的优缺点以及可变自主模式的适用情况。

1. 对子任务的仿真结果分析

障碍规避、威胁规避、目标攻击任务的仿真想定都是由简单到复杂设计的，通过相应的仿真结果分析可以得出以下结论：

(1) 对于简单任务，在无人机自主等级调节机制下可以充分发挥其自主性，独立完成任务，对交互次数的需求较少，不需要操作员过多地参与。

(2) 当无人机不具备处理当前任务的知识时，通过对自主等级的水平调节，下调动作的复杂程度，让操作员介入决策过程中，针对不同的决策任务选择相应的有人机有限干预介入方式。将有人机操作员的认知能力和无人机的任务执行能力充分结合，从而完成有人机与无人机协同决策。

(3) 对于通信中断等极端情况，无人机首先对自主等级进行水平调节，保留一定自主性的同时等待通信的恢复；若超过等待时限，则垂直下调自主等级，执行复杂度较低的动作以求自保，如返回基地等。

综上所述，无人机可变自主等级调节机制与有人机有限干预机制的结合既可以使无人机在简单情况下自主完成任务，又可以在复杂环境下充分发挥有人机操作员的认知决策优势和无人机执行任务的能力。

2. 对总任务的仿真结果分析

从整个任务过程的角度出发，将障碍规避、威胁规避和目标攻击三个决策任务进行串联组合，针对无人机指令控制、可变自主控制和完全自主控制三种情况进行仿真对比分析，如图 3-24 所示。

分别选取障碍规避的想定 2，威胁规避的想定 2，攻击决策的想定 2 串联形成无人机总体任务过程。该想定序列具有两个特点，一是在指令控制模式下交互次数明显增多，没有充分利用无人机的自主性，给操作员带来较大的工作负担，造成资源浪费；二是在无人机完全自主的模式下无法保证完成任务，造成任务效能锐减甚至任务失败。

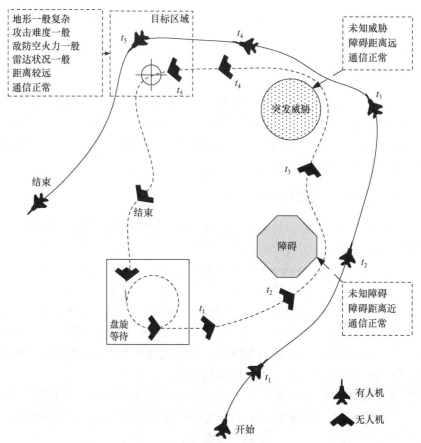

图 3-24　无人机决策任务全过程想定

为了便于分析对比，假定通信正常情况下，指令控制可以完成想定范围内的所有任务；无人机指令控制模式下交互次数最多，完全自主模式下交互次数最少。

1) 无人机的任务复杂程度和有人机操作员工作负荷分析

图 3-25 展示了无人机执行任务的过程。图中灰色方框表示每个子任务过程中的动作序列，方框位置表示动作的层次水平。无人机在整个任务过程中都处于同

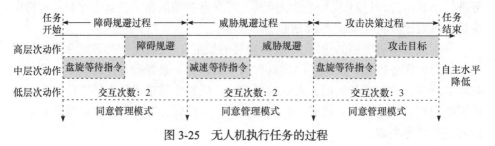

图 3-25　无人机执行任务的过程

意管理模式，但是在同一等级上做了一定程度的微调。例如，未知障碍导致无人机盘旋等待指令，降低了动作的层次和自主等级；在得到有人机干预信息之后，选择障碍规避，提高了自主等级。

无人机执行任务复杂程度由式(3-21)计算：

$$D(t)=1-\frac{1}{N_\mathrm{H}+0.5N_\mathrm{I}}=1-\frac{1}{3+0.5\times3}=0.78 \tag{3-21}$$

假设无人机不具备自主性时，由指令控制操作完成时的无人机任务复杂程度为

$$D(t)\approx0 \tag{3-22}$$

当无人机完全自主时，不需要操作员的辅助，其执行任务复杂程度为

$$D(t)\approx1 \tag{3-23}$$

任务过程中无人机执行的动作序列复杂程度越高，操作员面临的任务复杂程度越低。操作员任务复杂程度表示为

$$\hat{D}(t)=1-D(t) \tag{3-24}$$

于是，指令操作模式下操作员的任务复杂程度为

$$\hat{D}_1(t)=1-D_1(t)\approx1 \tag{3-25}$$

可变自主模式下操作员的任务复杂程度为

$$\hat{D}_2(t)=1-D_2(t)=1-0.78=0.22 \tag{3-26}$$

完全自主模式下操作员的任务复杂程度为

$$\hat{D}_3(t)=1-D_3(t)\approx0 \tag{3-27}$$

由此可见，无人机完全自主时，操作员面临的任务复杂程度最低，大约为 0；可变自主模式时，操作员面临的任务复杂程度次之，为 0.22；指令操作模式时，操作员面临的任务复杂程度最高，大约为 1。操作员面临的任务复杂程度与操作员的工作负荷成正相关，面临的任务复杂程度越高，操作员负荷越大，反之亦然。

2) 有人机操作员的态势认知能力分析

假定各自主等级模式下对态势认知水平的影响权值如表 3-21 所示。

表 3-21　各自主等级模式下对态势认知水平的影响权值

自主等级	权值
指令操作模式	0.25
操作员决策模式	0.15
同意管理模式	0.5
完全自主模式	0.1

计算有人机操作员在任务过程中的态势认知水平如下。

指令操作模式：

$$SA_1 = \sum_{i=1}^{4} \frac{Ca_i}{Cn} \cdot wg_1 = 0.25$$

可变自主模式：

$$SA_2 = \sum_{i=1}^{4} \frac{Ca_i}{Cn} \cdot wg_i = 0.5$$

完全自主模式：

$$SA_3 = \sum_{i=1}^{4} \frac{Ca_i}{Cn} \cdot wg_i = 0.1$$

3) 有人机-无人机任务完成程度分析

计算有人机-无人机的任务完成程度如下。

指令操作模式：

$$任务完成程度 = \frac{n}{N} \times 100\% = 100\%$$

可变自主模式：

$$任务完成程度 = \frac{n}{N} \times 100\% = 100\%$$

完全自主模式：

$$任务完成程度 = \frac{n}{N} \times 100\% = 0\%$$

式中，n 为完成子任务的个数；N 为子任务的个数总和。

由此可见，虽然可变自主模式和指令操作模式都能保证完成任务，但是相比于指令操作模式，无人机可变自主模式造成操作员的任务复杂程度较低，操作员压力较小，态势认知水平较高。虽然完全自主模式下操作员的任务复杂程度最低，但是因为完全自主模式下无人机和操作员之间几乎没有交互，所以操作员的态势认知水最低，在遇到知识范围之外的状况时，无人机几乎不可能自主决策。

为得到更为普遍的结论，对三个决策任务各自包含的案例想定进行组合串联，共可生成 $C_3^1 \times C_3^1 \times C_4^1 = 36$ 种情况，基本涵盖了无人机在任务想定过程中的所有情况。对这 36 种情况分别进行上述分析，计算上述三个指标的统计值。

由图 3-26 可知：

(1) 从操作员的任务复杂程度来讲，指令操作模式最高，可变自主模式次之，完全自主模式最低。当有人机操作员工作压力较大时，可以由指令操作模式切换为可变自主模式。

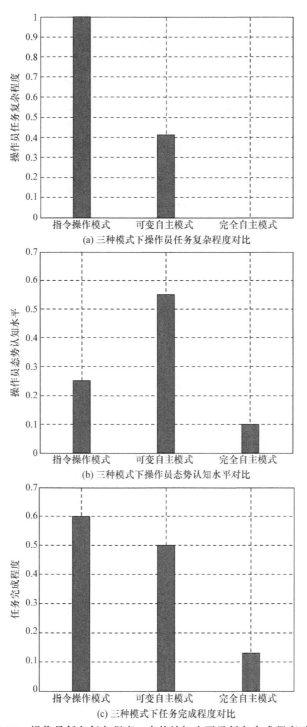

(a) 三种模式下操作员任务复杂程度对比

(b) 三种模式下操作员态势认知水平对比

(c) 三种模式下任务完成程度对比

图 3-26 操作员任务复杂程度、态势认知水平及任务完成程度对比

(2) 从操作员对战场的态势认知水平来讲，可变自主模式下的态势认知水平最高，指令操作模式次之，完全自主模式最低。因此，当操作员需要保持较高的态势认知水平时，需要切换为可变自主模式。

(3) 从任务完成程度来讲，指令操作模式由于完全受操作员控制，任务完成程度最高。可变自主模式将无人机自主和有人机干预相结合，任务完成程度次之。完全自主模式完全依靠无人机的自主等级完成任务，任务完成程度最低。因此，在操作员工作压力允许的情况下，如果任务要求完成的精确度较高，则尽量使用指令操作模式。

将操作员任务复杂程度、态势认知水平和任务完成程度作为不同的评价维度进行定性表示，如图 3-27 所示，可以有以下结论：

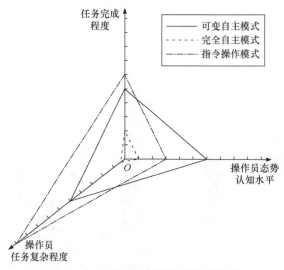

图 3-27　三种无人机控制模式的综合对比

(1) 完全自主模式下，虽然操作员面临的任务复杂程度最低，但是在态势认知水平和任务完成程度方面都不占优势。因此，在无人机不能保证自主应对所有可能情况时，其尽量不要处于完全自主模式。这也从侧面反映了提高无人机自主能力的巨大潜力和重要价值。

(2) 指令操作模式下，任务完成程度最高，通信正常情况下，无人机可以确保完成任务，但是会造成操作员任务复杂程度较高，同时操作员把精力都放在控制无人机上，造成其态势认知水平不高。因此，当环境状况不是很复杂，任务简单时尽量使用指令操作模式。

(3) 可变自主模式下，操作员在任务过程中始终保持较高的态势认知水平，同时，操作员面临的任务复杂程度适中。通信正常情况下，可保证完成障碍规避和威胁规避等简单任务，以及不太复杂的攻击决策任务。通信中断时，无人机可以充分利用自主能力，在保证自身安全的同时，等待通信恢复。

综上，有人机与无人机有限干预式协同决策机制可以发挥降低操作员任务复杂程度和提高态势认知水平方面的优势，无人机可变自主等级调节机制可以将人的认知能力和无人机的执行能力充分结合。在有人机与无人机协同决策模型方法的具体应用中，有以下几点建议：

(1) 有人机与无人机有限干预式协同决策模型方法，能够使有人机操作员的任务复杂程度维持在适中水平，同时态势认知水平较高，任务完成程度与指令操作模式相当，具有很大的应用前景和发展潜力。

(2) 在有限干预式协同决策模式下，影响无人机任务完成程度的主要因素是通信状况，这也说明了提高无人机在通信中断情况下自主任务执行能力的重要性。

(3) 在无人机自主等级有限的情况下，无人机尚不能完全自主地执行任务。指令操作模式可以在任务要求较高或者操作员工作压力不大的情况下作为一种可靠的备用方案。

3.6　本 章 小 结

通过对有人机与无人机有限干预协同决策任务的描述,开展了协同障碍规避、威胁规避、攻击决策模型的建立工作，并进行了相应的仿真案例分析。

本章完成的主要工作有以下几点：

(1) 根据自主等级定义，对无人机障碍规避、威胁规避、攻击决策的动作进行了划分；

(2) 基于模糊认知图理论，分别建立了无人机障碍规避、威胁规避、攻击决策FCM 模型；

(3) 按照有限干预机制，建立了障碍规避、威胁规避和协同攻击的有人机有限干预决策模型；

(4) 通过案例仿真，对有人机与无人机有限干预式协同障碍规避、威胁规避和攻击决策模型进行了分析、讨论和总结。

第 4 章　有人机与无人机认知智能交互式协同决策机制分析

本章提出基于认知智能交互式的有人机与无人机协同决策机制，分析有人机操作员认知负荷评估的主要方法和优缺点，定义和建立无人机智能情绪模式概念和模型。

4.1　认知智能交互式协同决策机制模型框架

有人机与无人机认知智能交互式协同决策机制模型框架主要包含三个层次，情境觉知层、决策推理层和执行干预层，如图 4-1 所示。情境觉知层主要包括有人机操作员与无人机在协同决策前的信息采集、感知和综合。决策推理层主要是无人机依据情境觉知层的综合态势，结合有人机操作员对态势理解进行智能决策推理。执行干预层主要包括无人机的决策执行，以及响应有人机的监督干预。三

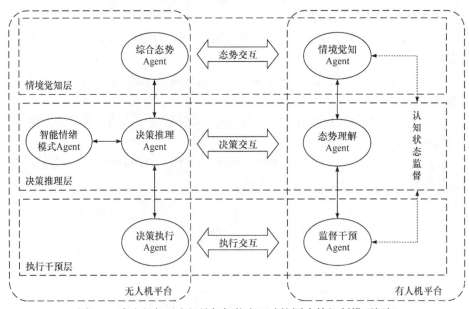

图 4-1　有人机与无人机认知智能交互式协同决策机制模型框架

个层次中，均以无人机决策为主，有人机决策为辅，有人机操作员认知状态监督始终贯穿其中，体现认知智能的交互作用。

4.1.1　情境觉知层

情境觉知层是认知智能交互式协同决策机制模型框架直接和外部环境接触的一层。无人机通过传感器采集外部环境信息、无人机自身状态信息和操作员认知负荷，进行态势信息的综合。有人机操作员在自身注意力的指导下完成对当前态势元素的感知。无人机将综合态势信息反馈给有人机操作员，进一步提高有人机操作员对当前态势的认知。有人机操作员可以对无人机获取的信息进行补充或者修改，模型实现过程如图 4-2 所示。

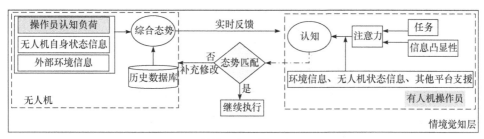

图 4-2　情境觉知层模型实现过程

与有限干预式协同决策机制不同，情境觉知层中需要重点对有人机操作员的认知负荷进行建模研究，使得无人机在感知外部环境和自身状态的基础上，能感知操作员的状态，从而主动地适应和配合有人机操作员进行智能决策，提高人机协同决策的效率。

4.1.2　决策推理层

决策推理层是认知智能交互式协同决策机制模型的中间一层，主要接收情境觉知层经过预处理和综合的态势信息集合，从而进行智能决策推理。无人机首先要确定适合当前态势的智能情绪模式，从而自主地调节偏好性决策。有人机操作员可以根据自身对态势的认知情况与无人机进行交互，模型实现过程如图 4-3 所示。

在决策推理层中，无人机的智能情绪模式及该模式下的决策推理是认知智能交互式协同决策机制的关键。智能情绪模式驱动无人机的决策推理，不同的智能情绪模式产生不同的决策偏好。无人机的智能情绪模式受到外部环境、自身状态和操作员认知负荷的共同影响。若外部环境恶劣、无人机自身状态不佳且操作员

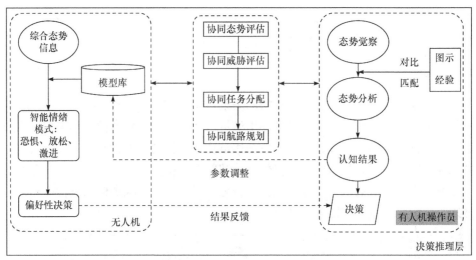

图 4-3　决策推理层模型实现过程

的认知负荷较高时，无人机的决策推理应该更加偏向保守，从而为操作员减轻负荷，保障无人机和有人机的安全。在无人机智能情绪模式和决策推理过程中，有人机操作员可根据自身的认知结果对决策推理模型进行主观性的参数调整。同时，无人机会将决策结果实时反馈给有人机操作员。

4.1.3　执行干预层

在执行干预层，有人机操作员需要根据无人机智能决策结果是否符合自身认知判断来决定是否进行干预。若满足有人机操作员的认知判断，则可输出并执行。若智能决策结果与有人机操作员认知偏差过大，则有人机操作员进行协同决策。在操作员状态良好时，可以采取四种干预方式：环境干预、知识干预、决策干预和手动控制，干预力度逐渐增强。其中，环境干预是有人机操作员对无人机所处外部环境的影响与修改。知识干预是有人机操作员对无人机的相关知识补充或修改。决策干预是有人机操作员修改无人机的决策结果。手动控制是指有人机操作员通过设定航路点或指派任务，对无人机进行控制与决策。在操作员认知状态较差不能进行干预时，无人机可调整智能运行模式，并重新进行决策推理。模型实现过程如图 4-4 所示。

在认知智能交互式协同决策机制中，如何将有人机操作员的认知负荷和无人机的智能情绪模式引入协同决策机制模型框架的情境觉知层、决策推理层和执行干预层，是构建认知智能交互式协同决策模型的关键。

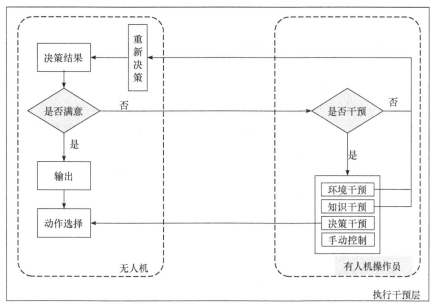

图 4-4　执行干预层模型实现过程

4.2　有人机操作员认知负荷评估

如何保证有人机操作员在不增加自身任务执行负荷的前提下，高效、准确地执行人机协同任务，是当前人机协同(human-machine cooperation，HMC)领域共同关注的问题[67]。人因工效学(human factors and ergonomics，HFE)作为研究人机协同的一门学科受到了广泛的重视[68]。根据国际工效学组织的定义，HFE 是一个研究人与系统甚至元素之间的交互作用的科学领域，是将理论、原则、数据、方法进行设计以提升人机系统表现的学科。其包含的 3 个主要研究领域如表 4-1 所示[69-70]。其中，HFE 关注的焦点在于系统的设计，以使其适应人们的需求、能力和局限性，而系统设计的关键在于对人的状态的研究和理解[71-72]。在有人机与无人机协同决策问题中，要想提升人机间的协同决策水平，人的工作和认知状态作为影响人的感知、决策及行动的关键因素，是一个需要解决的基础问题。

表 4-1　HFE 包含的 3 个主要研究领域

研究领域	具体解释
人体工效学	与人的身体活动相关，主要集中在人的身体特征上
认知工效学	与心理特征有关，主要集中在人的认知特征上
宏观工效学	与社会技术系统有关，主要集中在人的心理社会特征上

4.2.1　常用的评估方法

工作负荷一般是指操作者耗费在保持任务性能上的努力程度，偏向于身体、生理上所付出的努力[73]。在人机协同任务过程中，工作负荷为任务时间过长或操作强度过大造成有人机操作员体力上的负担。由于工作负荷的多维特性，现有的一些研究中，常用于评估工作负荷的指标如信息处理能力、时间占有率、注意力资源等都较为抽象，适用于概念层面的分析，在实际的评估与建模中难以使用。

从任务难度的角度可以认为，工作负荷随着任务难度的增加呈"U"型[74]，如图 4-5 所示。根据工作负荷和绩效水平与任务难度的关系，可将其分为 6 个不同的区域：在 A 区域，随着任务难度的增加，工作负荷从高水平的超低唤起状态逐渐被激活并缓慢下降，而绩效水平迅速上升；在 B_1 区域，随着任务难度的增加，工作负荷迅速下降，绩效水平缓慢上升，并达到最佳状态；在 B_2 区域，随着任务难度的增加，工作负荷维持在最低水平，而绩效水平维持在最佳状态；在 B_3 区域，随着任务难度的增加，工作负荷迅速上升，而绩效水平缓慢降低；在 C 区域，随着任务难度的增加，工作负荷逐渐上升，绩效水平迅速下降；在 D 区域，随着任务难度的增加，工作负荷进入超高状态，绩效水平也达到超低水平。从对以上 6 个区域的具体分析来看，工作负荷过高或过低都不利于任务的完成，只有让工作负荷保持在一个合适的水平，操作员绩效水平才能达到最佳状态。因此，开展工作负荷评估研究时，可通过设计不同难度的实验任务来模拟被试人员所承受的不同工作负荷。

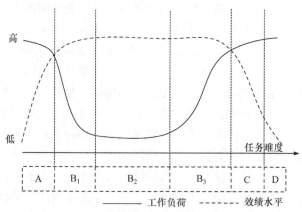

图 4-5　工作负荷、任务难度与绩效水平的关系

认知负荷(cognitive load)一般是指为完成某项任务而在工作记忆上进行心智活动所需的全部心智能量，偏向于精神、认知上付出的努力[75]。在人机协同任务过程中，表现为有人机操作员在短时间内需处理大量任务带来的脑力负担。认知负荷理论认为，有限的工作记忆是人类认知过程中的"瓶颈"，也是认知负荷产生

的主要根源，因此需要对人的认知、记忆过程进行深入探究。

图 4-6 是用于描述人的记忆过程和认知过程的人类记忆模型，模型定义了 3 种类型的记忆。

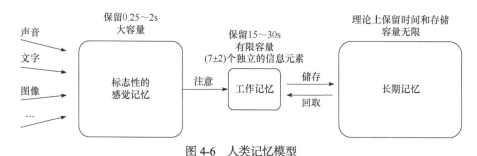

图 4-6　人类记忆模型

(1) 感觉记忆：人认知过程的第一步是通过感官获取外界信息。感觉记忆用于储存大量感官信息，如文字、图像(视觉)、声音(听觉)等，但感官信息只能保留很短的时间(0.25～2s)，大部分感官信息没有进入工作记忆。但是当人注意感觉记忆的信息时，这部分信息会被保存并进入工作记忆。

(2) 工作记忆：对感官信息进行积极处理(组织、对比)。工作记忆的容量有限，一般为(7±2)个独立的信息元素[76]。一旦信息元素过多，超过工作记忆的容量，就会造成认知负荷，这是认知负荷产生的主要根源。

(3) 长期记忆：用于储存工作记忆处理后的信息，这些信息包括记忆、知识和经验。理论上长期记忆存储容量和保留时间是无限的。

表 4-2 为目前常用工作负荷和认知负荷评估方法的总结。通过对这些评估方法的分析，得到以下结论。

表 4-2　目前常用工作负荷与认知负荷评估方法总结

评估方法	定义	具体方法	优点	缺点
主观测评方法	被试人员完成任务后，根据自己的主观感受对任务进行评价	NASA_TLX*量表 SWAT**量表 MCH***量表	① 可以对工作与认知负荷进行直接评定，不需要任何仪器设备，操作简单，易于统计分析数据 ② 可直接反映被试人员的脑力负荷信息，对于不同脑力负荷水平的变化非常敏感	① 在测试后进行统计和计算，不具备实时性 ② 个体差异较大，被试人员对工作/认知负荷的主观测评与其自身的各类因素，如性格、动作策略、生理/心理状态、情绪等密切相关
作业绩效测评方法	被试人员在进行主任务的同时增加一个次任务，通过次任务的表现间接反应主任务的表现	**主要使用的次任务** 数字计算 记忆任务 视觉搜索 **常用指标** 反应时间 正确率	① 可以解决主任务绩效不易测量的问题，同时具备较好的理论基础 ② 在测量工作/认知负荷时的敏感性较高	① 存在侵入性，主要表现在对主任务的干扰上，不适合在实际环境中使用 ② 不具备实时性

续表

评估方法	定义	具体方法	优点	缺点
生理测评方法	通过测量各种生理指标评估被试人员的状态	**眼动指标** 凝视眼动数据 扫视眼动数据 眨眼率 瞳孔面积 **脑电指标** 不同频率波段 事件相关电位 功能性磁共振成像 **多参生理指标** 心率 心率变异性 皮肤导电率 血氧浓度 呼吸率	① 具有客观性、实时性、连续性等诸多优势 ② 生理测量设备及数据处理软件集成化、智能化、自动化水平的提高，使得生理测量设备对被试人员的侵入性降低，数据分析更加方便 ③ 生理测量系统能同时处理不同时段采集的数据，能在连续采集生理数据的同时展开多种数据分析	在敏感性方面存在特异性缺陷。例如，某一项生理指标可能仅对某种类型的任务敏感，对其他类型的任务不敏感
综合测评方法	综合采用以上多种方法替代基于单一方法或指标来进行评估	眼动指标+多参生理指标 眼动指标+脑电指标	① 可采用多种方法或指标替代基于单一方法或指标，结果更具可靠性 ② 工作/认知负荷具有多维度特性，可以适用于不同的情境、不同的负荷水平范围	多种方法或指标存在数据的同步性问题

　　* NASA_TLX 的全称为 National Aeronautics and Space Administration_Task Load Index，译为国家航空航天总局任务负荷量表。该表是由 6 个维度组成的多维综合评估量表，广泛应用于飞行研究等相关领域。

　　** SWAT 的全称为 subject workload assessment technique，译为主观负荷工作评估技术量表。该表由时间负荷、脑力努力负荷和心理压力负荷等 3 维度组成，每个维度又分为高、中、低三个水平，最后合并成一个测量指标。

　　*** MCH 的全称为 modified Cooper-Harper scale，译为修正的库柏-哈柏量表。该表将飞行操作水平分为 10 级，每一级都有相应的定义，飞行任务完成后，飞行员根据主观感受，依据每一级的定义完成该表，进而评价其工作/认知负荷。

　　(1) 相较于主观测评方法和作业绩效测评方法，生理测评方法因具有客观性、实时性和连续性等诸多优势，更适用于工作负荷和认知负荷的评估。针对单生理指标无法全面评估工作/认知负荷的情况，可综合多个生理指标进行测评，即综合测评方法。

　　(2) 在生理测评方法中，眼动指标相对于脑电指标和多参生理指标，对人的侵入性更小，使用眼动仪(桌面式/眼镜式)即可采集眼动数据。此外，眼动仪还可测得被试人员的注意力信息，并可用于分析人的认知过程。因此，评估工作负荷和认知负荷时，眼动指标应作为主要的测量指标。

(3) 参考工作负荷的定义可知，工作负荷偏向于身体、生理上所付出的努力。因此，在选择评估工作负荷的指标时，应选择能反映被试者生理情况的多参生理指标，再结合眼动指标，组成综合的工作负荷评估指标。

(4) 参考认知负荷的定义可知，认知负荷偏向于精神、认知上所付出的努力。因此，在选择评估认知负荷的指标时，应选择更能反映被试人员认知情况的脑电指标，再结合眼动指标，组成综合的认知作负荷评估指标。

4.2.2　基于 SVM 的分类原理

对于解决工作负荷和认知负荷评估问题，支持向量机(support vector machines, SVM)是一种常用的评估方法。SVM 基于结构风险最小化理论，在特征空间中构建最优超平面，使得模型得到全局最优化。针对线性可分类的二分类问题，SVM 通过寻找支持向量，减少运算复杂度，在两个类别的样本集之间寻找一个最优分界面，将两类分开，并使超平面离样本点的间隔最大。对于线性不可分类的二分类问题，SVM 通过利用核函数将非线性可分的低维特征向量空间映射到线性可分的高维特征向量空间，简化映射空间中的内积运算，避免了直接在低维空间中进行计算，然后再利用线性可分的支持向量机进行分类，从而使得在高维特征向量空间可以采用线性算法对样本的非线性特征进行线性分析。

SVM 原理简要介绍如下。已知样本集 $D = \{(x_1, y_1), (x_2, y_2), \cdots, (x_n, y_n)\}$，$y_i \in \{-1, +1\}$，则在样本空间中，划分超平面可以用线性方程描述为

$$\omega^T x + b = 0 \tag{4-1}$$

式中，$\omega = (\omega_1, \omega_2, \cdots, \omega_d)$ 为法向量，决定了超平面的方向；b 为位移项，决定了超平面与原点之间的距离。若超平面可以将训练样本正确分类，则有

$$\begin{cases} \omega^T x_i + b \geqslant +1, & y_i = +1 \\ \omega^T x_i + b \leqslant -1, & y_i = -1 \end{cases} \tag{4-2}$$

对于 SVM，需要找到有最大间隔的超平面，也就是两个异类支持向量到超平面的距离之和 $\dfrac{2}{\|\omega\|}$ 最大，即

$$\begin{cases} \max_{\omega, b} \dfrac{2}{\|\omega\|} \\ \text{s.t. } y_i(\omega^T x_i + b) \geqslant 1, & i = 1, 2, \cdots, n \end{cases} \tag{4-3}$$

显然，为了最大化间隔，仅需最大化 $\|\omega\|^{-1}$，这等价于最小化 $\|\omega\|^2$，于是式(4-3)可以重写为

$$\begin{cases} \min_{\omega,b} \dfrac{1}{2}\|\omega\|^2 \\ \text{s.t. } y_i(\omega^T x_i + b) \geqslant 1, \quad i = 1,2,\cdots,n \end{cases} \tag{4-4}$$

对式(4-5)的每条约束添加拉格朗日乘子 $\alpha_i \geqslant 0$ ，可得到式(4-5)的对偶问题：

$$\begin{cases} \max_{\alpha}\left[\displaystyle\sum_{i=1}^{n}\alpha_i - \dfrac{1}{2}\sum_{i=1}^{n}\sum_{j=1}^{n}\alpha_i\alpha_j y_i y_j x_i^T x_j \right] \\ \text{s.t. } \displaystyle\sum_{i=1}^{n}\alpha_i y_i = 0 \\ \alpha_i \geqslant 0, \quad i = 1,2,\cdots,n \end{cases} \tag{4-5}$$

拉格朗日乘子 α_i 对应训练样本 (x_i, y_i) ，且式(4-4)中有不等式约束。因此，上述过程需满足 KKT(Karush-Kuhn-Tucker)条件，即满足：

$$\begin{cases} \alpha_i \geqslant 0 \\ y_i f(x_i) - 1 \geqslant 0 \\ \alpha_i(y_i f(x_i) - 1) = 0 \end{cases} \tag{4-6}$$

解出 α 之后，求出 ω 与 b 即可得到模型：

$$f(x) = \omega^T x + b = \sum_{i=1}^{n}\alpha_i y_i x_i^T x + b \tag{4-7}$$

4.3　无人机智能情绪模式

无人机智能情绪模式是指无人机的自主智能行为具备类似人的情绪，能够依据态势评估和操作员认知状态，选择相应的智能情绪模式，从而影响无人机的自主决策推理和协同任务执行。决策流程图如图 4-7 所示。

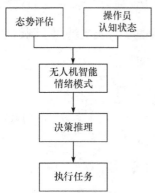

图 4-7　无人机智能情绪模式决策流程图

4.3.1　无人机智能情绪模式定义

认知心理学研究认为，人在做决策的过程中除了依赖过往的经验知识和当前的决策信息，还依赖当前的情绪状态。为了实现无人机更高水平的自主性，有必要提出和建立类人决策的无人机智能情绪模式。

环境在传统的无人机决策中起到非常大的作用，无人机根据外部环境的动态变化，处理收集到的信息，做出对应的行为选择，但这个过程中没有考虑无人机内部信息。例如，无人机的平台状况和系统需求等，都被认为处于理想的状态[77]。在复杂多变的战场环境中，无人机自身的设备状态、燃料余量等都是制约无人机作战的关键因素，在无人机做决策时，必须将这些因素考虑进来。

无人机根据复杂多变的战场环境和自身状态，以及操作员认知负荷来调整自身的情绪。无人机将自身的情绪反馈到无人机的决策系统中，在不同的情绪下，无人机具有不同的决策偏好。当战场环境恶劣，无人机自身状态不好，且操作员认知负荷较高时，无人机智能情绪模式应处于恐惧模式，该状态下决策推理优先考虑保障无人机的安全。当无人机自身状态好，与有人机通信正常且有人机操作员认知负荷较低时，无人机智能情绪模式应处于激进模式，该状态下决策推理优先考虑无人机的任务收益。

无人机智能情绪模式分为三种：恐惧、放松、激进。这三种智能情绪模式中，无人机对相同的任务会有不同的决策偏好。①恐惧：无人机处于恐惧状态时，偏向做出完成难度较小、收益小可以自保的决策；②放松：无人机处于放松状态时，偏向做出完成难度适中、收益一般的决策；③激进：无人机处于激进状态时，偏向做出完成难度大但收益高的决策。

4.3.2　无人机智能情绪模式 FCM 模型

本小节通过选取对无人机智能情绪模式起到关键作用的概念节点，建立无人机智能情绪模式 FCM 模型，如图 4-8 所示。无人机智能情绪模式 FCM 模型概念节点介绍如表 4-3 所示。

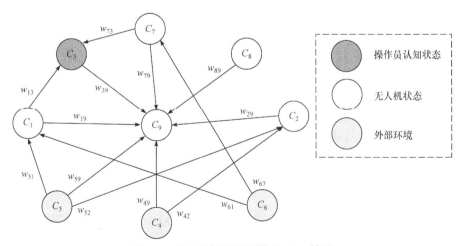

图 4-8　无人机智能情绪模式 FCM 模型

表 4-3　无人机智能情绪模式 FCM 模型概念节点定义

节点	概念节点名称
C_1	有人机与无人机通信质量
C_2	无人机燃料余量
C_3	有人机操作员认知负荷
C_4	地形复杂程度
C_5	环境的大气密度
C_6	环境的相对湿度
C_7	无人机雷达探测能力
C_8	无人机与威胁点距离
C_9	无人机智能情绪模式

1) 有人机与无人机通信质量

人机协作之间的通信质量对无人机决策非常关键，通信质量也会影响操作员认知负荷，其归一化函数如下：

$$C_1 = \tanh \left(\frac{1}{n_r} \times \frac{\sum\limits_{y=1}^{n_t}(M_r)_y}{\sum\limits_{y=1}^{n_t}(M_t)_x} \right) \tag{4-8}$$

式中，n_r 为接收数量；n_t 为发送数量；M_r 为发送信息的大小；M_t 为接收信息的大小[78]。

2) 无人机燃料余量

无人机燃料余量的归一化函数如下：

$$C_2 = \frac{V_{\text{left}}}{V_{\text{max}}} \tag{4-9}$$

式中，V_{left} 为无人机剩余燃料量；V_{max} 为无人机最大燃料量。

3) 有人机操作员认知负荷

有人机操作员认知负荷由基于 SVM 的有人机操作员认知负荷评估模型计算得出。

4) 地形复杂程度

不同的地形会对无人机飞行所需燃料有影响，地形复杂程度由高到低排序依次为：山地、高原、丘陵、盆地、平原等，可将其模糊化到[0,1]。

5) 环境的大气密度

环境的大气密度越大，无人机所受阻力越大，所需燃料越多。其归一化函数如下：

$$C_5 = \begin{cases} 1, & \rho \geqslant 1.225 \\ \dfrac{\rho - 0.104}{1.225 - 0.104}, & \rho < 1.225 \end{cases} \tag{4-10}$$

式中，ρ 为大气密度。

6) 环境的相对湿度

环境的相对湿度越大，无人机所受阻力就越大，而且相对湿度对于电磁波的传播也有一定的影响。其归一化函数如下：

$$C_6 = \dfrac{d_1}{d_2} \tag{4-11}$$

式中，d_1 为单位体积水气密度；d_2 为饱和水密度。

7) 无人机雷达探测能力

无人机雷达探测能力的归一化函数如下：

$$C_7 = \tanh\left(\dfrac{R_{SN}}{D_0}\right) \tag{4-12}$$

式中，R_{SN} 为无人机雷达工作时的最大信噪比；D_0 为最小的可检测信噪比。

8) 无人机与威胁点距离

无人机与威胁点距离的归一化函数如下：

$$C_8 = k \cdot \sum_{i=1}^{n} \dfrac{c_i}{d_i} \tag{4-13}$$

式中，k 为归一化参数；c_i 为第 i 个威胁点权值；d_i 为无人机与第 i 个威胁点的距离。

9) 无人机智能情绪模式

无人机智能情绪模式概念节点是模型的输出节点，由其他节点推理得出。无人机智能情绪模式取值范围可以由专家知识得出，如恐惧模式取值范围为[0,0.4]，放松模式取值范围为(0.4,0.7]，激进模式取值范围为(0.7,1]。

部分无人机智能情绪模式 FCM 模型节点的因果关系解释如表 4-4 所示。

表 4-4 节点因果关系解释

节点因果关系	因果关系具体解释
$C_1 \xrightarrow{w_{13}} C_3$	有人机与无人机之间的通信质量高，有人机就能轻松获得无人机的信息，减轻有人机操作员认知负荷，因此 C_3 与 C_1 是负影响关系
$C_4 \xrightarrow{w_{42}} C_2$	无人机所处地形越复杂，无人机需要的燃料越多，因此 C_2 与 C_4 是负影响关系

节点因果关系	因果关系具体解释
$C_6 \xrightarrow{w_{62}} C_2$	相对湿度增加, 无人机飞行阻力增加, 无人机油耗增大, 因此 C_2 与 C_6 是负影响关系
$C_8 \xrightarrow{w_{89}} C_9$	根据无人机智能情绪模式的定义, 无人机距离威胁点越远, 无人机情绪越放松, C_9 的值越大, 因此 C_9 与 C_8 是正影响关系
$C_1 \xrightarrow{w_{19}} C_9$	人机之间的通信质量越好, 无人机就越偏向于激进的智能情绪模式, 因此 C_9 与 C_1 是正影响关系
$C_3 \xrightarrow{w_{39}} C_9$	有人机操作员的认知负荷越高, 无人机就越偏向恐惧模式, 因此 C_9 与 C_3 是负影响关系

无人机智能情绪模式 FCM 模型的权值矩阵如下所示:

$$
w = \begin{bmatrix}
0 & 0 & w_{13} & 0 & 0 & 0 & 0 & 0 & w_{19} \\
0 & 0 & 0 & 0 & 0 & 0 & 0 & 0 & w_{29} \\
0 & 0 & 0 & 0 & 0 & 0 & 0 & 0 & w_{39} \\
0 & w_{42} & 0 & 0 & 0 & 0 & 0 & 0 & w_{49} \\
w_{51} & w_{52} & 0 & 0 & 0 & 0 & 0 & 0 & w_{59} \\
w_{61} & w_{62} & 0 & 0 & 0 & w_{67} & 0 & 0 & w_{69} \\
0 & 0 & w_{73} & 0 & 0 & 0 & 0 & 0 & w_{79} \\
0 & 0 & 0 & 0 & 0 & 0 & 0 & 0 & w_{89} \\
0 & 0 & 0 & 0 & 0 & 0 & 0 & 0 & 0
\end{bmatrix}
$$

邻接权值矩阵值可以由专家通过语义规则来定义, IF-THEN 规则形式如下:

IF 原因节点 C_i 发生变化(没有、小、中、大、很大);

THEN 结果节点 C_j 随之发生变化(没有、小、中、大、很大)。

假设, C_i 对 C_j 存在影响关系集合 T, 关系程度用语义变量 μ 表示, 取值范围为[-1, 1], 则 9 分类的语义变量的影响关系集合表达如下:

T(influence)

= {negatively very strong(nvs), negatively strong(ns), negatively medium(nm),

negatively weak(nw), zero(z), positively weak(pw), positively medium(pm),

positively strong(ps), positively very strong(pvs)}

一般可以采用专家法确定节点之间的关系语义。通过汇集求和, 使用重心法确定语义变量的取值, 并将其作为邻接矩阵中对应的权值 w_{ij}。如图 4-9 所示为语义变量取值的示意图。

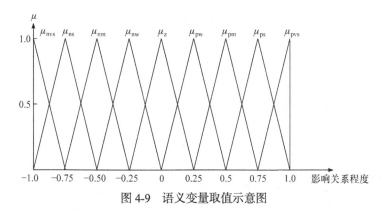

图 4-9　语义变量取值示意图

无人机智能情绪模式 FCM 模型的邻接权值矩阵如下：

$$w = \begin{bmatrix} 0 & 0 & 0.25 & 0 & 0 & 0 & 0 & 0 & 0.75 \\ 0 & 0 & 0 & 0 & 0 & 0 & 0 & 0 & 0.75 \\ 0 & 0 & 0 & 0 & 0 & 0 & 0 & 0 & 0.75 \\ 0 & 0.25 & 0 & 0 & 0 & 0 & 0 & 0 & 0.5 \\ -0.5 & -0.25 & 0 & 0 & 0 & 0 & 0 & 0 & -0.75 \\ -0.25 & -0.25 & 0 & 0 & 0 & 0 & -0.5 & 0 & 0 \\ 0 & 0 & 0.25 & 0 & 0 & 0 & 0 & 0 & 0.5 \\ 0 & 0 & 0 & 0 & 0 & 0 & 0 & 0 & 0.25 \\ 0 & 0 & 0 & 0 & 0 & 0 & 0 & 0 & 0 \end{bmatrix}$$

4.3.3　案例分析

表 4-5 给出了无人机智能情绪模式 FCM 模型的节点状态值。

表 4-5　无人机智能情绪模式 FCM 模型的节点状态值

节点	组号			
	1	2	3	4
C_1	0.8	0.4	0.2	0
C_2	0.8	0.6	0.3	0.8
C_3	0.3	0.5	0.8	0.9
C_4	0.25	0.75	0.5	0.5
C_5	0.3	0.7	0.8	0.3
C_6	0.4	0.5	0.6	0.4
C_7	0.9	0.4	0.23	0.9
C_8	0.5	0.6	0.8	0.8

对于组 1：有人机和无人机之间的通信质量良好，无人机燃料充足且探测能

力较强，自然环境比较适合无人机飞行，而且有人机操作员的认知负荷较低。根据主观判断，无人机的智能情绪模式应该处于激进状态。

对于组 2：模型的各个节点处于平均水平。根据主观判断，无人机的智能情绪模式应该处于放松状态。

对于组 3：有人机与无人机之间的通信质量较差。无人机燃料不足且雷达探测能力较弱，所处地形比较恶劣，同时有人机操作员的认知负荷较高。根据主观判断，无人机智能情绪模式应该处于恐惧状态。

对于组 4：有人机与无人机之间的通信中断，此时会默认有人机操作员的认知负荷很高。无人机的燃料充足，雷达探测能力强，地形适合无人机飞行。根据主观判断，无人机智能情绪模式应该不处于激进状态。

将表 4-5 数据代入模型，得到无人机智能情绪模式仿真结果，如表 4-6 所示。

表 4-6　无人机智能情绪模式仿真结果

运行模式	组号			
	1	2	3	4
节点 C_9 状态值	0.829	0.4782	0.3237	0.5506
智能情绪模式	激进	放松	恐惧	放松

将 FCM 模型仿真结果进行可视化分析，如图 4-10 所示。对于组 4，在通信中断的情况下，无人机智能情绪模式处于放松状态，符合仿真推理前的主观判断。其余三组实验也均与主观判断一致，初步验证了模型的有效性和可用性。

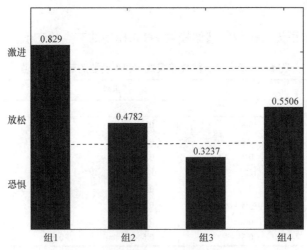

图 4-10　无人机智能情绪模式 FCM 模型仿真结果可视化

4.4　本　章　小　结

本章针对未来先进有人机与高端无人机协同任务的需求，提出了认知智能交互式协同决策机制，完成的主要工作有以下几点：

(1) 建立了有人机与无人机认知智能交互式协同决策机制模型框架；

(2) 在分析各类方法优缺点的基础上，介绍了基于 SVM 的分类原理；

(3) 定义了无人机智能情绪模式的概念，并进行了建模工作和案例仿真分析。

第5章 有人机操作员工作负荷和认知负荷评估模型

本章基于飞行任务和 N-back 任务，选取眼动、生理和脑电等指标数据，建立有人机操作员工作负荷和认知负荷在线评估 SVM 模型，并对模型做进一步分析和优化工作。

5.1 有人机操作员工作负荷评估模型

5.1.1 基于飞行任务的工作负荷实验

根据不同的飞行任务设置高/低工作负荷实验，在实验中被试人员需要按照地图上已规定的不同航路和不同机动动作要求，完成飞行任务。低工作负荷实验中，被试人员需要沿着折线型航路飞行；高工作负荷实验中，被试人员需要沿着"8"字形航路飞行，同时完成向左向右横滚的机动动作。具体如图 5-1 所示。

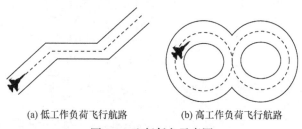

(a) 低工作负荷飞行航路   (b) 高工作负荷飞行航路

图 5-1 飞行任务示意图

整个飞行任务时长为 3min，高/低工作负荷飞行任务交替进行，在飞行过程中记录被试者的眼动、多参生理数据。连续飞行时间到达 20min 后，进行 10min 的休息，以避免疲劳、注意力不集中对实验带来的影响。

5.1.2 实验仪器设备

实验中生理数据采集仪器设备主要包括生理仪和眼动仪，分别如图 5-2 和图 5-3 所示。

肌电
传感器

数据采集
发射盒

温度
传感器

红外血氧
传感器

呼吸带传感器
(腹部)

呼吸带传感器
(胸部)

图 5-2　生理仪

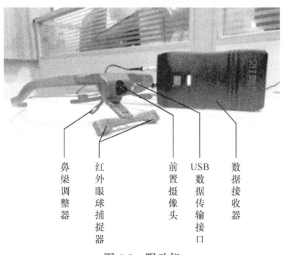

鼻梁调整器　红外眼球捕捉器　前置摄像头　USB数据传输接口　数据接收器

图 5-3　眼动仪

生理仪是集合了多个生理测量传感器的生理数据采集软硬件系统,主要包括:肌电传感器,用于测量肌肉导电率;呼吸带传感器,用于测量腹部和胸部的呼吸率;温度传感器,用于测量体温;红外血氧传感器,用于测量心率、心电和血氧饱和度。生理仪采集的数据类型如表 5-1 所示。

表 5-1　生理仪采集的数据类型

数据名称	数据类型介绍/解释
EMG(mV)	肌电信号,是众多肌纤维中运动单元动作电位(MUAP)在时间和空间上的叠加。表面肌电信号(SEMG)是浅层肌肉的 EMG 和神经干上电活动在皮肤表面的综合效应,能在一定程度上反映神经肌肉的活动
RIP (che)(mV)	为呼吸监测(胸部),通过呼吸带传感器的电压变化监测呼吸频率
RIP (abd)(mV)	为呼吸监测(腹部),通过呼吸带传感器的电压变化监测呼吸频率
HR(n/min)	心率,即每分钟心跳次数

数据名称	数据类型介绍/解释
SaO$_2$(%)	血氧饱和度,是血液中被氧结合的氧合血红蛋白(HbO$_2$)的容量占全部可结合的血红蛋白(hemoglobin, Hb)容量的百分比,即血液中氧的浓度
ECG(mV)	心电是心脏的无数心肌细胞电活动的综合反映
Temperature(℃)	温度,可以测量被试者的实时体表温度

　　眼动仪主要是利用红外摄像头记录被试人员的眼球运动和状态等原始数据,并计算相应的眼动指标数据。眼动仪采集的数据类型如表 5-2 所示。

表 5-2　眼动仪采集的数据类型

数据名称	数据类型介绍/解释
Duration(s)	实验总时间
Number of Glances	对某 AOI 的注视次数
Number of Glances(>2s)	对某 AOI 大于 2s 的注视次数
Total Glance Time(s)	总注视时间
Mean Glance Duration(s)	平均注视时间
Glance Rate(1/s)	注视率
AOI Attention Ratio	注视时间百分比
Maximum Glance Duration(s)	最大注视时间
Minimum Glance Duration(s)	最小注视时间
Glance Location Probability(%)	注视点百分比
Link Value Probability(%)	两个不同 AOI 注视关联比率
Percentage Transition Time(s)	AOI 转移时间占比
Horizontal Eye Activity(pixel)	水平眼动活动量
Vertical Eye Activity(pixel)	垂直眼动活动量
PERCLOS Left(%)	眼睑闭合度(左眼)
PERCLOS Average(%)	平均眼睑闭合度
PERCLOS Right(%)	眼睑闭合度(右眼)
Mean Fixation Duration Left/Right(ms)	平均凝视时间(左/右)
Number of Fixation Left/Right	凝视次数(左/右)
Mean Saccade Duration Left/Right(ms)	平均扫视时间(左/右)

续表

数据名称	数据类型介绍/解释
Mean Saccade Angle Left/Right(deg)	平均扫视角度(左/右)
Number of Saccade Left/Right	扫视次数(左/右)
Time to First Glance(s)	首次注视时间

*AOI: 兴趣区域(Area of Interests)。

5.1.3　眼动、生理指标选择及采集

由于实验设计和使用范围有限,上述眼动指标和生理指标并不能全部应用于工作负荷评估与建模,需要对其进行选择。

1. 眼动指标选择

实验中主要用于工作负荷评估的眼动指标如表 5-3 所示。

表 5-3　用于工作负荷评估的眼动指标

眼动指标	具体指标
凝视眼动指标	凝视时长(ms)
	凝视次数
扫视眼动指标	扫视时长(ms)
	扫视次数
	扫视角度(deg)
其他眼动指标	瞳孔面积(pixel)
	眨眼率(%)

2. 生理指标选择

在表 5-1 的 7 个多参生理指标中,选择除温度以外的 6 个生理指标。温度不纳入评估指标的原因为:①温度相对于其他生理指标在评估工作负荷时不具备敏感性和特异性;②实验所处环境为室内,测量时间和环境相对固定,因此不会对被试人员的体温产生影响。

3. 眼动、生理指标采集

基于上述工作负荷实验设计,进行眼动、多参生理数据采集。每个被试人员的实验时长为 20min,实验完成后休息 10min 进行下一轮实验,如图 5-4 所示。整个实验结束后,总共采集了 80 组数据(40 组低工作负荷数据和 40 组高工作负

荷数据)。

图 5-4　眼动、生理指标采集过程

5.1.4　眼动、生理数据处理

收集完眼动、生理数据后,需要对数据进行处理。首先,需要进行数据的预处理,包括剔除极值和数据归一化;其次是特征选择,考虑到眼动、生理数据的种类并不是很多,所以在特征选择时选择敏感度较高的指标即可;最后基于选择后的特征采用分类算法进行运算分类,并进行结果验证。具体过程如图 5-5 所示。

数据输入 → 数据预处理 → 特征选择 → 数据分类 → 结果验证

图 5-5　眼动、生理数据处理具体过程

1. 眼动、生理数据预处理

数据预处理阶段主要包括极值去除和归一化,极值处理使用 3σ 法,去除数据标准化后与平均值差值的绝对值大于 3 倍标准差的数值。归一化处理即对数据进行归一化以消除量纲对降维与分类结果的影响,将每个特征集合 $X = \{x_1, x_2, \cdots, x_n\}$ 映射到 [0,1],方法为

$$x_i = \frac{x_i - x_{\min}}{x_{\max} - x_{\min}} \tag{5-1}$$

2. 眼动、生理数据特征选择

为了提高分类效果,对数据进行分类之前需要减少不敏感指标对分类效果的影响。首先对数据进行敏感度分析,即计算出眼动、多参生理各指标在高/低工作

负荷下的敏感度，选择敏感度高的指标再进行分类。对指标进行敏感度分析的好处有两点：第一是可以降低特征的维度，减少特征维度过高对于分类效果的影响；第二是经筛选过的特征均具有较好的敏感度，可提高分类的准确度。由于数据分类是高/低工作负荷的二分类问题，基于 T 检验进行数据敏感度分析。

T 检验的思想是通过比较不同数据的均值，研究两组数据之间是否存在显著差异。不同的 T 检验方法对应不同的使用条件，主要包括单总体 T 检验、独立样本 T 检验和配对样本 T 检验，如表 5-4 所示。

表 5-4　几种 T 检验方法的适用条件对比

分析方法	适用条件	举例说明	数据类型
单总体 T 检验	检验样本平均数与已知总体平均数的差异是否显著	某班考试成绩(X)与该年级考试成绩(Y)是否一致	X：定量 Y：定量
独立样本 T 检验	检验两个独立样本的平均数与其各自代表的总体的差异是否显著	某两个班一次考试成绩(X、Y)是否一致	X：定量 Y：定量
配对样本 T 检验	检验两个相关样本的平均数与其各自代表的总体的差异是否显著	某班的两次考试成绩(X、Y)是否一致	X：定量 Y：定量

实验的样本数据为同一被试在高/低工作负荷下的眼动、多参生理数据，是同一被试者在不同实验下的比较，因此应为配对样本 T 检验。使用统计学方法时通常需要原始数据具有独立、正态、方差齐 3 个条件，由于配对样本 T 检验的计算过程是通过把配对的数据相减，得到差值，将这组差值与 0 比较，如果差异显著性 $P<0.05$，认为差值不等于 0，也即前后测量得到的两组数据不相等。这里的检验是差值与 0 比较，因此对于原始数据没有正态性要求，同样也不要求原始数据方差齐。配对样本 T 检验的唯一要求是样本的差值符合正态分布。

配对样本 T 检验的原理如下。

(1) 首先提出原假设和备择假设：

$$H_0:\mu_d=0,\quad H_A:\mu_d\neq 0 \tag{5-2}$$

式中，μ_d 为两样本配对数据差值 d 总体平均数，等于两样本所属总体平均数 μ_1 与 μ_2 之差，即

$$\mu_d=\mu_1-\mu_2 \tag{5-3}$$

所设原假设、备择假设相当于：

$$H_0:\mu_1=\mu_2,\quad H_A:\mu_1\neq\mu_2 \tag{5-4}$$

(2) 计算 t 值，公式为

$$t=\frac{\overline{d}}{S_d},\quad \mathrm{d}f=n-1 \tag{5-5}$$

式中，S_d 为差异标准误差，计算公式为

$$S_d = \frac{S_d}{\sqrt{n}} = \sqrt{\frac{\sum(d-\bar{d})^2}{n(n-1)}} = \sqrt{\frac{\sum d^2 - (\sum d)^2}{n(n-1)}} \tag{5-6}$$

式中，d 为两样本的数据之差，即

$$d_j = x_{1j} - x_{2j}, \quad (j=1,2,\cdots,n) \tag{5-7}$$

$$\bar{d} = \sum d_j / n \tag{5-8}$$

式中，S_d 为 d 的标准差；n 为实验的重复数。

(3) 查临界 t 值，做出统计推断。

根据 $\mathrm{d}f = n-1$ 查临界 t 值 $t_{0.01}(n-1)$，将计算所得 t 值的绝对值与其比较，做出推断接收或拒接原假设。首先对高/低工作负荷下数据的差值进行正态性检验。检验结果表明各差值均服从正态分布。样本数据满足配对样本 T 检验的前提要求，T 检验结果如表 5-5 所示。

表 5-5　眼动、生理指标的配对样本 T 检验结果

配对样本	配对差值		t 值	显著性结果
	平均值	标准差		
眨眼率	−5.50	4.31	−4.60	0.001*
凝视时长	96.85	149.03	2.34	0.037
凝视次数	45.67	74.49	2.21	0.047
扫视时长	71.26	111.75	2.29	0.040
扫视角度	58.46	93.11	2.26	0.043
扫视次数	64.86	102.43	2.28	0.041
瞳孔面积	−89.02	85.16	−3.76	0.003*
肌电	4.06	2.65	9.679	0.000*
呼吸率(胸部)	−5.05	1.73	−18.369	0.000*
呼吸率(腹部)	−5.05	1.73	−18.369	0.000*
心率	−0.04	0.51	−0.494	0.624
血氧饱和度	0.10	0.81	0.781	0.440

*$P<0.01$。

从表 5-5 可以看出，眨眼率、瞳孔面积、肌电、呼吸率(胸部)和呼吸率(腹部)5 个指标在高/低工作负荷条件下的显著性结果小于 0.01，故拒接原假设，接收备择

假设。即以上 5 个指标在高/低工作负荷的条件下具有显著性差异，可认为这 5 个指标具有高的敏感性，适合用于工作负荷评估的指标，故将这 5 个指标用于数据的分类及验证。筛选过程如图 5-6 所示。

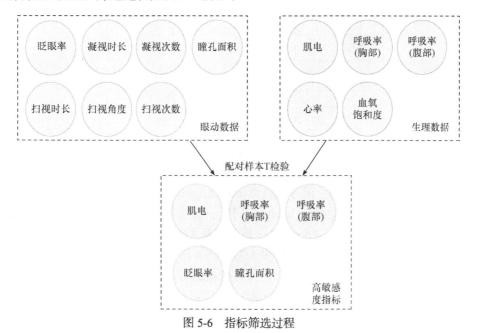

图 5-6　指标筛选过程

3. 眼动、生理数据分类及验证

筛选出敏感度高的指标后，基于 SVM 分类模型对所筛选的高敏感度指标进行分类。考虑到样本数量的有限性(80 组)，使用 $K(K=4)$ 折交叉验证来对模型进行全面的评价。K 折交叉验证的优点在于：①相比于传统的留出法(Holdout)，K 折交叉验证可以完整地覆盖整个数据集，而且每次抽样为无重复抽，即每次迭代过程中每个样本点只有一次被划入训练集或测试集的机会；②对于样本较少的数据，K 折交叉验证能够产生多个训练集和测试集的组合，适合对样本数量有限的数据集进行分类效果的评估。K 折交叉验证(尤其是 5 倍或 10 倍交叉验证)是最常用的交叉验证方法。考虑到实验样本数量为 80 组，选取 4 倍交叉验证，将整个数据集平分为 4 个子集，每个子集的样本数量为 20 个，每次使用 3 个子集作为训练集，用剩余的 1 个子集作为测试集来测试分类模型，评估分类效果，最终的结果取各个子集的平均值。K 折交叉验证原理如图 5-7 所示。

进行完交叉验证后，需要将结果用合适的形式表示，单纯依靠准确率判断不平衡数据的分类结果是不全面的，因为没有区分少数类样本和多数类样本的错分代价。通常可以使用混淆矩阵分析分类模型识别不同类的能力。对于一个二分类

图 5-7 K 折交叉验证原理示意图

问题，将实例分为正类(positive)和负类(negative)。使用分类器进行分类时会有四种情况：若实例是正类，并被预测为正类，记为真正类(true positive，TP)；若实例是正类，但被预测为负类，记为假负类(false negative，FN)；若实例是负类，但被预测为正类，记为假正类(false positive，FP)；若实例是负类，但被预测为负类，记为真负类(true negative，TN)。用一个矩阵表达所有二分类问题中的指标参数，即为混淆矩阵，如图 5-8 所示。

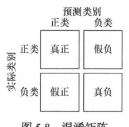

图 5-8 混淆矩阵

此外，一些评价指标可以对分类模型的分类效果进行进一步的评估，包括：错误率(error，ERR)、准确率(accuracy，ACC)、精确率(precision，PRE)、召回率(recall，REC)、F 值、被试者工作特征(receiver operator characteristic，ROC)曲线与曲线下面积(area under the curve，AUC)值，具体定义和解释如下。

(1) 错误率：预测错误的样本数量与所有被预测样本数量的比值。

$$ERR = \frac{FP + FN}{FP + FN + TP + TN} \tag{5-9}$$

(2) 准确率：预测正确的样本数量与所有被预测样本数量的比值。

$$ACC = \frac{TP + TN}{FP + FN + TP + TN} = 1 - ERR \tag{5-10}$$

(3) 精确率：真正的正类样本与预测为正类的样本的比值。

$$PRE = \frac{TP}{TP + FP} \tag{5-11}$$

(4) 召回率：相比于精确率，召回率是针对样本而言的，表示的是正类样本中被预测正确的比率。通常同时使用精确率和召回率来反映分类模型的分类效果。

(5) F 值：将精确率和召回率融合到一个单独的评价指标中。F 值基于精确率和召回率的调和平均数计算得出，赋予低的数值更大的权值。这样一来，只有精确率和召回率都很高的时候，分类器才会得到高 F 值。

$$F = \frac{2}{\dfrac{1}{PRE} + \dfrac{1}{REC}} = \frac{2(PRE \cdot REC)}{REC + PRE} \tag{5-12}$$

(6) ROC 曲线：是基于模型真正率(TPR)和假正率(EPR)等性能指标进行分类模型选择的工具。其中，真正率和假正率是对类别数量不均衡的分类问题非常有用的两个指标，反映的是真正类与正类的比例以及假正类与负类的比例。

$$TPR = \frac{TP}{FN + TP} \tag{5-13}$$

$$FPR = \frac{FP}{FP + TN} \tag{5-14}$$

通常 ROC 曲线中间有一条对角线，代表一个完全随机分类器的分类效果，目标分类器的曲线应该尽可能地远离它。

(7) AUC 值：指 ROC 曲线下方区域的面积，面积的数值不大于 1，一般在 0.5～1。使用 AUC 值作为评价标准的原因是 ROC 曲线有时并不能清晰说明哪个分类器的效果更好，而作为一个数值，对应 AUC 值更大的分类器效果更好。理想性能的 AUC 值为 1，随机选择的 AUC 值为 0.5。

将整个数据集平分为 4 个子集，每个子集的样本数量为 20 个，每次使用 3 个子集作为训练集，用剩余的 1 个子集作为测试集来测试分类模型，评估分类效果，最终的结果取各个子集的平均值。

进行完交叉检验后，需要将结果用合适的形式表示，单纯依靠准确率判断不平衡数据的分类结果是不全面的，因为没有区分少数类样本和多数类样本的错分代价。这时可以使用混淆矩阵帮助分析分类模型识别不同类的能力。各子集的混淆矩阵如图 5-9 所示。

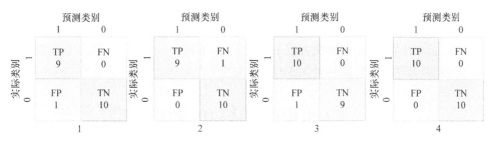

图 5-9　工作负荷评估各子集的混淆矩阵

计算出混淆矩阵后，再计算各分类评价指标，具体如表 5-6 所示。各子集的 ROC 曲线如图 5-10 所示。

表 5-6　工作负荷评估各子集分类效果

评价指标	各子集				平均值
	1	2	3	4	
错误率	0.05	0.05	0.05	0	0.0375
准确率	0.95	0.95	0.95	1	0.9625
精确率	0.9	1	0.9	1	0.95
召回率	1	0.9	1	1	0.975
F 值	0.947	0.947	0.952	1	0.9615
AUC 值	0.98	0.96	0.95	1	0.9725

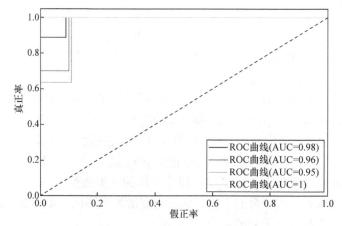

图 5-10　工作负荷评估各子集的 ROC 曲线

基于以上各分类评价指标，可以对 SVM 的分类效果进行一个系统的评价，从综合评价指标 F 值和 AUC 值来看，模型对高/低工作负荷条件下筛选后的眼动和多参生理数据具有优秀的分类效果，各正向指标均在 0.94 以上。

验证完 SVM 模型在实验数据中的有效性和分类准确率后，将所有样本数据作为训练样本得到最终 SVM 分类评估模型的超平面参数法向量 w 与截距 b。

实际应用中，可根据决策方程 $f(x) = w \cdot x + b$ 与 0 的关系来判断所分类别，若小于 0，则为高工作负荷；若大于 0，则为低工作负荷。

5.2　有人机操作员认知负荷评估模型

5.2.1　*N*-back 任务

近年来，随着认知神经科学的兴起，*N*-back 任务发展出了许多形式并逐渐成为一个相对稳定的实验范式，被广泛用于研究工作记忆的认知及神经机制。

在 N-back 任务中，一系列刺激被依次呈现，被试的任务是在每一个刺激呈现时做目标特征"一致性"判断(如对英文字母、空间方位、图形形状或图形颜色等进行一致性判断)，即判断当前呈现的项目是否与第 N 个试次前的项目(即目标项目)有一致的特征。根据前人理论，N-back 任务包含至少三个基本过程：

(1) 对呈现序列中的每一个项目进行编码；

(2) 在记忆系统中保持目标刺激和任务相关信息；

(3) 将当前刺激与目标刺激进行匹配。

在 1-back 任务中，当前项目的前一个项目就是目标刺激。在 2-back 任务中，目标刺激则是此前倒数第二个试次出现的项目，以此类推。目前，文献中最常用的是 1-back 和 2-back 任务，因为 0-back 任务即对当前项目的重复，2-back 以上的任务通常会带来过大的认知负荷，使得认知负荷实验不能正常进行。因此，这里使用 1-back 和 2-back 任务来作为低和高认知负荷实验，实验示例如表 5-7 和图 5-11 所示。

表 5-7　N-back 任务实验示例表

数字序列	6	9	1	7	0	8	4	3	5	2
0-back 任务	6	9	1	7	0	8	4	3	5	2
1-back 任务	—	6	9	1	7	0	8	4	3	5
2-back 任务	—	—	6	9	1	7	0	8	4	3

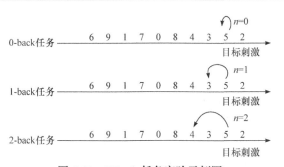

图 5-11　N-back 任务实验示例图

5.2.2　基于 N-back 任务的认知负荷评估实验

认知负荷评估实验基于 1-back 和 2-back 任务，分别用于认知负荷低和高实验，具体实验设计如下：整个实验时长为 6min 30s，包含 3 个重复的实验部分。每个实验部分时长为 2min 10s。其中，前 10s 为实验准备阶段，被试人员在此期间需调整好个人状态；之后的 2min 为 N-back 任务，该任务在 2min 内随机出现

60 个范围为 1～9 的数字，每个数字间的间隔为 2s，其中，60 个随机数字中符合 N-back 任务的共有 10 个，被试人员需判断当前数字是否和前 n 个的数字相同。每组实验结束后，统计该被试人员的正确率。实验流程如图 5-12 所示。

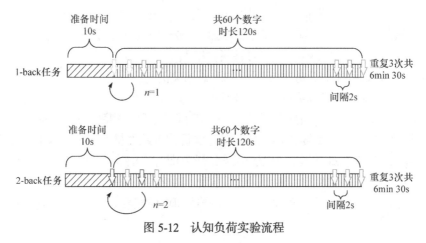

图 5-12　认知负荷实验流程

5.2.3　基于 N-back 任务的实验软件与仪器设备

实验的软件部分使用布里斯托大学开发的"N-back"应用软件，可以实现字母、数字、图案的 N-back 任务，也可以自定义 N-back 任务。在认知负荷实验中，将 N-back 任务自定义为 $n=1$ 和 2，数字个数为 60，数字间的间隔为 2s；符合 N-back 任务的有 10 个；实验前准备时间为 10s，设置完成后就可以进行使用。

实验所使用的 NE 无线脑电仪最大支持 20 通道的脑电传感器，采样频率有 500Hz 或 1000Hz 可选，脑电采集支持干、湿两种电极形式，如图 5-13 所示。该脑电仪采集的脑电数据类型如表 5-8 所示。

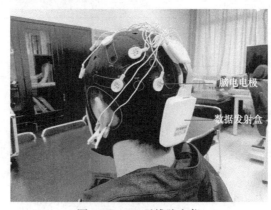

图 5-13　NE 无线脑电仪

表 5-8　NE 无线脑电仪采集的数据类型

数据名称	数据类型介绍/解释
Raw data all channels (μV^2)	全通道原始数据
Filtered [2~40] Hz data(μV^2)	滤波后 2~40Hz 数据
Spectral Response Analysis(FFT)[μV^2/sprt(Hz)]	快速傅里叶变换的频谱分析
Spectral Response Analysis(PSD)(dB/Hz)	基于功率谱密度的频谱分析
Band Power Analysis(μV^2)	频带功率分析

5.2.4　眼动、脑电指标选择与采集

1. 眼动指标选择

用于认知负荷评估的眼动指标参考表 5-3。

2. 脑电指标选择及电极设定

在脑电指标中,通常将脑电信号的频带功率作为主要分析指标,并将 2~40Hz 的脑电频带功率分为 Delta、Theta、Alpha、Beta、Gamma 五个频段。国际上统一用希腊字母 δ、θ、α、β、γ 来表示。五个频段分别对应着特定的大脑活动功能和不同的认知特性。脑电频带的功率划分如图 5-14 所示。

Delta: 2~4Hz　　　Theta: 5~7Hz　　　Alpha: 8~13Hz　　　Beta: 14~30Hz　　Gamma: 30~40Hz

图 5-14　脑电频带的功率划分

各频段的详细介绍如下所示。

(1) Delta 频段:波幅为 20~200μV,频率为 2~4Hz。该频段往往是幅度最高和波动最慢的,通常在慢波睡眠的成人中可以看到。Delta 波常用于评估睡眠深度,其节奏越强,睡眠越深。

(2) Theta 频段:波幅范围为 10~100μV,频率为 5~7Hz。该频段通常在幼儿身上看到,在成年人的深度冥想状态中,也常常可以探测到。每当人遇到困难的任务时,Theta 波变得更加突出。

(3) Alpha 频段:波幅为 10~100μV,频率为 8~13Hz。该频段是大脑轻松活动的标志,Alpha 波通常以同步方式连接大脑的两个半球。当人的身体和精神能够放松时,Alpha 波是主要的脑电波活动。它出现在闭眼和放松的状态下,并随着眼睛睁开或精神运动而衰减。

(4) Beta 频段：波幅为 20～100μV，频率为 14～30Hz。该频段的脑电波常在大脑两侧呈对称分布，在正面最明显，反映的是大脑的警惕状态。较高的 Beta 频率与脑部高水平的唤醒活动相关，出现较多 Beta 频段的脑电波时，往往表示人处于焦虑、高度兴奋、无法放松或者压力的状态下。

(5) Gamma 频段：频率为 30～40Hz。该频段脑波属于脑电波中的高频成分。Gamma 波与认知功能和高级信息处理功能相关联，在人体进行与学习、记忆和信息处理等高级功能相关联的活动时，Gamma 波承担着相当重要的作用。

脑电指标选择完成后，需要设定电极的安装位置，以达到最佳的脑电信号采集效果。电极的安装位置与脑区有关，脑区的划分如图 5-15 所示。

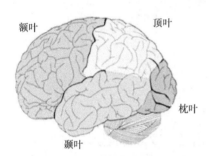

图 5-15　脑区划分图示

大脑分为 4 个脑区，分别为额叶、顶叶、枕叶和颞叶，具体如下。

(1) 额叶位于大脑的前部，是大脑发育中最高级的部分，包括初级运动区、前运动区和前额叶。主要作用为在有组织、有方向的活动中，使活动服从于人的意图和动机。

(2) 顶叶位于中央沟之后，顶枕裂与枕前切迹连线之前，与痛觉、触觉、嗅味觉、温度、压力有关，也与逻辑能力相关。有研究表明，顶叶后区体积越大，人的逻辑思维和发散思维等方面的能力越强。另外，顶叶大小在一定程度上也与人的寿命和躯体平衡性、协调性有关。

(3) 枕叶是大脑皮层的一个区域，位于半球后部，在顶枕沟的后方。枕叶为视觉皮质中枢，主要功能包括处理视觉信息，如初级视皮层就位于枕叶。

(4) 颞叶位于外侧裂之下，颅中窝和小脑幕之上，前方为额叶，上方为额顶叶，后方为枕叶。颞上回的 41 区和 42 区及颞横回为听觉皮质区，颞上回的后部在优势半球为听觉言语中枢，海马回为嗅味觉中枢。颞叶的前部为精神皮质，人类情绪和精神活动不但与眶额皮质有关，也与颞叶有关。海马与记忆有关。

通常，电极在脑区上的位置广泛使用的是"10-20 国际标准导联系统"，它规范了电极与电极之间的相对位置，并对电极的命名进行了标准化。该系统采用偶数标记代表右半球的电极，而奇数标记代表左半球的电极，字母则跟人脑皮层各个脑区相对应，如图 5-16 所示。

采集脑电的电极数目通常使用 16 导、32 导、62 导、64 导、128 导等，采集的电极数目越多对信号的要求越高。试验使用的 20 导脑电电极是在 64 导的标准脑电电极分布的基础上进行分布位置选择的，如表 5-9 和图 5-17 所示。

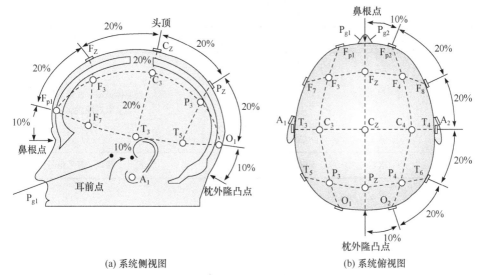

(a) 系统侧视图　　　　　　　　　　　　　(b) 系统俯视图

图 5-16　10-20 国际标准导联系统

表 5-9　电极及所属脑区

序号	电极	具体脑区	所属脑区	功能
1	P_7	顶叶		
2	P_4	顶叶 右顶		
4	P_Z	顶中线	顶叶	处理触觉、压力、温度和疼痛等，并能调节注意力或分配空间注意力
5	P_3	顶叶 左顶		
6	P_8	顶叶		
3	C_Z	中央中线		
11	C_4	右中央	中央旁小叶	负责思维、演算，与个体的需求和情感相关
15	C_3	左中央		
7	O_1	左枕	枕叶	与视觉信息的整合有关(视觉皮层)
8	O_2	右枕		
9	T_8	颞叶	颞叶	主要处理听觉刺激，由许多处理听觉、语言和某方面记忆的亚区组成
18	T_7	颞叶		
10	F_8	右前额		
12	F_4	右额叶	额叶	与躯体运动、发音、语言及高级思维活动有关
13	F_{P2}	右额极		

续表

序号	电极	具体脑区	所属脑区	功能
14	F_Z	额中线		
16	F_3	左额	额叶	与躯体运动、发音、语言及高级思维活动有关
17	F_{P1}	左额极		
19	F_7	左前额		
20	EXT	左(右)耳垂	—	接地,参考信号

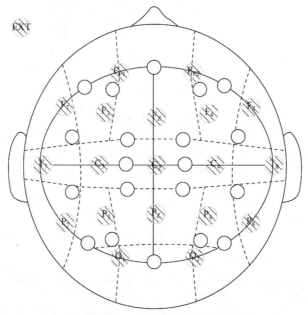

图 5-17　20 导脑电电极分布

3. 眼动、脑电数据采集

为了避免疲劳,每个被试人员的实验时长为 20min,实验完成后休息 10min 进行下一轮实验,数据采集过程如图 5-18 所示。整个实验结束后,总共采集了 98 组眼动、脑电数据(49 组低认知负荷和 49 组高认知负荷)。

5.2.5　眼动、脑电数据处理

采集完眼动、脑电数据后,需要对数据进行处理,并将处理完的数据输入到模型中,得出基于眼动、脑电数据的认知负荷评估模型。其中,数据样本为 98 组,数据样本的特征维数为 107,包括眼动数据 7 个特征指标和脑电数据 100 个特征

图 5-18　数据采集过程

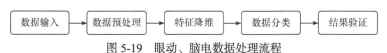

图 5-19　眼动、脑电数据处理流程

指标。分析数据的样本量和特征维数可以看出，样本量和特征维数几乎相同，属于高维数据。如果直接进行分类会带来"维数灾难""空空间"和"算法失效"等问题。尤其对于实验的数据样本，其样本数目和维数接近，导致高维空间中样本点极其稀疏，难以计算。为了解决该问题，对高维数据进行降维是一种有效办法，整个数据处理流程如图 5-19 所示。

1. 数据预处理

数据预处理包括极值去除和归一化处理，极值剔除时，将各个数据通过直方图的形式可视化表示，人为剔除其中的极值。图 5-20 为 Delta 波(O_1 电极)、Theta

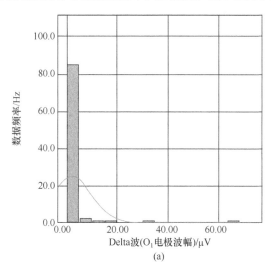

(a)

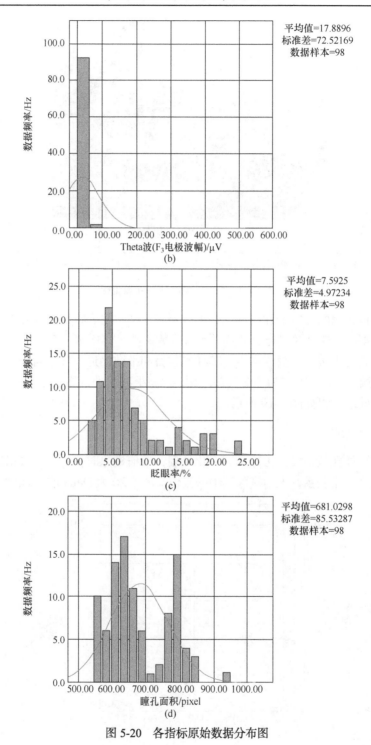

图 5-20　各指标原始数据分布图

波(F_3 电极)、眨眼率和瞳孔面积 4 个指标的原始数据分布，可以明显地看出，该指标均存在极值。将各个指标中的极值剔除后，数据样本从原来的 98 组变为 90 组。

极值剔除后，需要对其进行归一化处理以消除量纲对降维与分类结果的影响，即将每个特征集合 $X = \{x_1, x_2, \cdots, x_n\}$ 映射到[0,1]，公式如下：

$$x_i = \frac{x_i - x_{\min}}{x_{\max} - x_{\min}} \tag{5-15}$$

2. 数据降维

数据降维使用基于主成分分析的因子分析法。相比于主成分分析法，因子分析法可以使用旋转技术帮助解释因子，在因子的可解释性方面更具优势。两种方法的对比如表 5-10 所示。

表 5-10　因子分析法与主成分分析法对比

相同点	不同点
(1) 两种方法都是消除原始变量的相关性，简化原相关变量的结构，降低原始变量的维数。通过构造综合指标来对原始数据进行排序，以达到最终的降维、排序的目的	(1) 主成分分析中，若给定的协方差矩阵或者相关矩阵的特征值是唯一的，则主成分一般是唯一的；而因子分析中因子不是唯一的，可以旋转得到不同的因子
(2) 两种方法都用方差的大小来表示信息量的多少，且两者成正比。对于权值与信息量而言，两者也成正比。因此权值的大小也与方差的大小成正比，它们的客观性表现在权值是在新旧指标变换过程中产生的，不具人为操作性，具有客观性	(2) 主成分分析中则是把主成分表示成各变量的线性组合，而因子分析中是把变量表示成各因子的线性组合
	(3) 主成分分析的重点在于解释各变量的总方差，而因子分析则把重点放在解释各变量之间的协方差

总的来说，主成分分析法与因子分析法均可将现有的变量变成少数几个新的变量(新的变量包含原来所有变量的大部分信息)用于后续的分析，当需要寻找潜在的因子，并对这些因子进行解释时，更加倾向于使用因子分析法。认知负荷评估使用的多维脑电和眼动数据在降维后，更倾向于得到一个可解释的、更抽象的数据指标。

因子分析法的数学模型为：设 $X_i(i = 1, 2, \cdots, p)$ 为 p 个变量，如果 $X_i = \mu_i + a_{i1}F_1 + \cdots + a_{im}F_m + \varepsilon_i (m \leqslant p)$，称 $F_1, F_2, \cdots, F_m$ 为公共因子，是不可观测的变量，$(a_{i1}, a_{i2}, \cdots, a_{im})$ 称为因子载荷。ε_i 为特殊因子，是不被前 m 个公共因子包含的部分，满足：$\mathrm{Cov}(F, \varepsilon) = 0$，即 F 和 ε 不相关。

$$D(F) = \begin{bmatrix} 1 & & & \\ & 1 & & \\ & & \ddots & \\ & & & 1 \end{bmatrix} = I \tag{5-16}$$

即 $F_1, F_2, \cdots, F_m$ 互不相关，方差为 1。

$$D(\varepsilon) = \begin{bmatrix} \sigma_1^2 & & & \\ & \sigma_2^2 & & \\ & & \ddots & \\ & & & \sigma_p^2 \end{bmatrix} \tag{5-17}$$

即 ε 互不相关，方差不一定相等，且 ε 服从正态分布 $\varepsilon_i \sim N(0, \sigma_i^2)$。

上述模型用矩阵表示为

$$X - \mu = AF + \varepsilon, \quad E(F) = 0 \tag{5-18}$$

$$E(\varepsilon) = 0, \quad \mathrm{Var}(F) = I \tag{5-19}$$

$$\mathrm{Cov}(F, \varepsilon) = E(F\varepsilon) = \begin{bmatrix} E(F_1\varepsilon_1) & E(F_1\varepsilon_2) & \cdots & E(F_1\varepsilon_p) \\ E(F_2\varepsilon_1) & E(F_2\varepsilon_2) & \cdots & E(F_2\varepsilon_p) \\ \vdots & \vdots & & \vdots \\ E(F_p\varepsilon_1) & E(F_p\varepsilon_2) & \cdots & E(F_p\varepsilon_p) \end{bmatrix} = 0 \tag{5-20}$$

$$\mathrm{Var}(\varepsilon) = \mathrm{diag}(\sigma_1^2, \sigma_2^2, \cdots, \sigma_p^2) \tag{5-21}$$

对实验数据进行因子分析，结果如图 5-21 所示。图 5-21 也称碎石图，来源于地质学的概念。碎石图以特征值为纵轴，成分为横轴。前面陡峭的部分特征值大，包含的信息多，后面平坦的部分特征值小，包含的信息也少。可以直观地看出，成分 1～成分 5 包含了大部分信息，故比较陡峭，成分 6 及以后的其他成分包含信息较少，故较为平坦。具体信息如表 5-11 所示。

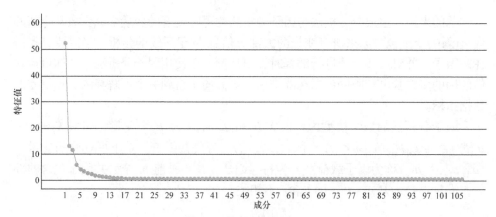

图 5-21　因子分析结果图

表 5-11 成分 1～成分 12 相关信息

成分	特征值	方差百分比/%	累积百分比/%
1	52.198	48.783	48.783
2	13.058	12.204	60.987
3	11.566	10.810	71.797
4	5.814	5.434	77.231
5	4.092	3.825	81.056
6	3.335	3.117	84.173
7	2.654	2.480	86.653
8	2.290	2.141	88.794
9	1.609	1.504	90.298
10	1.588	1.484	91.782
11	1.479	1.382	93.164
12	1.304	1.219	94.383

表 5-11 中第 1 列为各个成分，实验选择了特征值大于 1 的前 12 个成分；第 2 列为对应的特征值，表示所解释方差的大小；第 3 列为对应成分所包含的方差占总方差的百分比；第四列为累积的百分比。表 5-11 中，成分 1～成分 5 的特征值大于 1，总共能解释 81.056%的方差。因此，将成分 1～成分 5 作为主成分，其余成分因包含的信息较少，可以忽略。

主要成分提取完后，可通过成分矩阵(附表 1)来观测成分与原始变量之间的关系，矩阵中的数值为成分与原始变量之间的相关系数，绝对值越大，说明关系越密切。从成分矩阵中可以看出，提取出的成分已具有较好的解释性，故不进行因子旋转。所提取的成分中，成分 1、3、4、5 与原始变量之间均有较为明显的关系，以成分 1 和成分 3 为例将它们与原始变量之间的关系用热力图表示，具体如图 5-22 和图 5-23 所示。

通过分析不同频段下的热力图可得，在成分 1 中，脑区 Delta、Theta、Beta、Gamma 频段活跃，因此成分 1 与 Delta、Theta、Beta、Gamma 波紧密相关，可以反映人的清醒、思考、警惕状态；在成分 3 中，脑区 Alpha 频段活跃，因此成分 3 与 Alpha 波紧密相关，可以反映人的放松状态。成分 1～成分 5 的具体解释如表 5-12 所示。

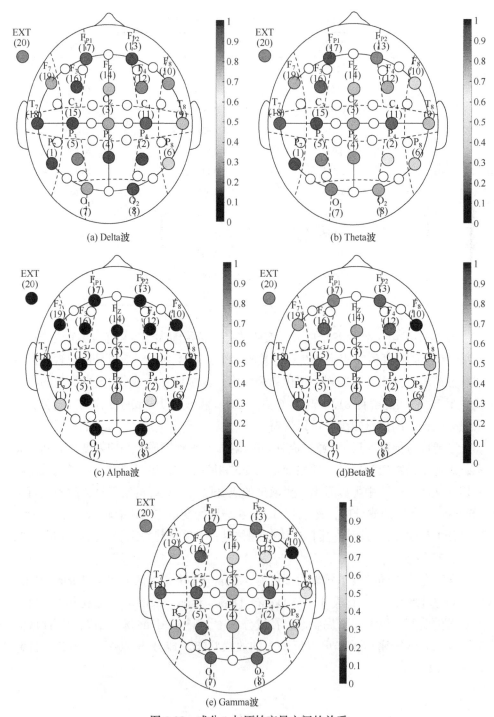

图 5-22　成分 1 与原始变量之间的关系

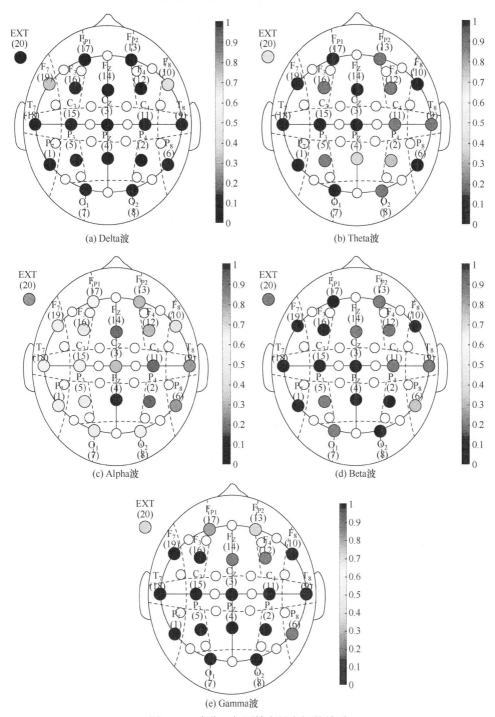

图 5-23 成分 3 与原始变量之间的关系

表 5-12　成分 1～成分 5 的具体解释

成分	相关的原始变量	对成分的解释
1	Delta、Theta、Beta、Gamma 波	清醒、思考、警惕状态
2	Delta、Theta、Alpha、Beta、Gamma 波	不具备很好的解释性
3	Alpha 波	放松状态
4	Alpha 波	放松状态
5	Alpha 波	放松状态

除此之外,附表 2 为各成分的权值系数矩阵,即通过该矩阵可将原始变量转化为各个成分。成分提取完成后,基于分类算法对高/低认知负荷下的脑电和眼动数据进行分类。

3. 数据分类及结果验证

数据降维处理后,基于 SVM 分类器对降维后的眼动、脑电数据进行分类。考虑到样本数量的有限性(90 组),使用 $K(K=9)$ 折交叉验证来对模型进行全面评价,各子集的混淆矩阵如图 5-24 所示,分类效果如表 5-13 所示,ROC 曲线如图 5-25 所示。

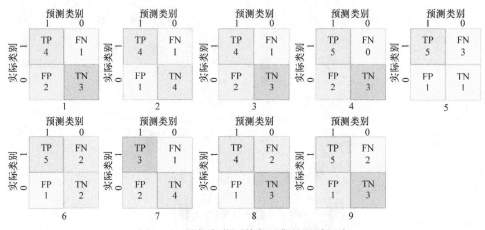

图 5-24　认知负荷评估各子集的混淆矩阵

表 5-13　认知负荷评估各子集的分类效果

评价指标	子集									平均值
	1	2	3	4	5	6	7	8	9	
错误率	0.3	0.2	0.3	0.2	0.4	0.3	0.3	0.3	0.27	0.286
准确率	0.7	0.8	0.7	0.8	0.6	0.7	0.7	0.7	0.73	0.714

续表

评价指标	子集									平均值
	1	2	3	4	5	6	7	8	9	
精确率	0.67	0.8	0.67	0.71	0.83	0.83	0.6	0.8	0.83	0.749
召回率	0.8	0.8	0.8	1.0	0.625	0.71	0.75	0.67	0.714	0.763
F 值	0.72	0.8	0.72	0.83	0.71	0.77	0.67	0.72	0.77	0.746
AUC 值	0.88	0.96	0.98	0.86	0.96	0.76	0.76	0.75	0.84	0.861

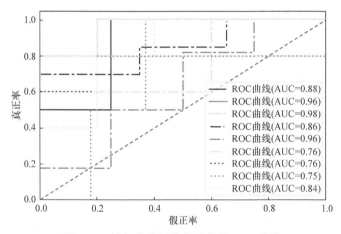

图 5-25　认知负荷评估各子集的 ROC 曲线

　　基于表 5-13 中各分类评价指标，可以对 SVM 的分类效果进行一个系统的评价，从综合评价指标 F 值和 AUC 值来看，模型对高、低认知负荷条件下降维后的脑电和眼动数据具有较好的分类效果。若想进一步提高分类准确率，可从特征提取、分类模型、采集数据环境、人员状态、习惯和性别差异等方面进行优化。

　　验证完 SVM 模型在试验数据中的有效性和分类准确率后，将所有样本数据作为训练样本得到最终 SVM 分类评估模型的超平面参数法向量 w 与截距 b。

　　根据决策方程 $f(x) = w \cdot x + b$ 与 0 的关系来判断所分类别，若小于 0，则为高认知负荷；若大于 0，则为低认知负荷。

5.3　有人机操作员工作负荷和认知负荷评估模型优化

5.3.1　模型分析

1. 工作负荷评估模型

工作负荷评估模型基于眨眼率、瞳孔面积、肌电、呼吸率(胸部)和呼吸率(腹部)5个在高/低工作负荷的条件下敏感度较高的指标，在SVM分类模型下具有较好的分类效果。其中，从K折交叉验证($K=4$)的AUC值可得，平均结果为0.9725，最小结果为0.95，最大结果为1.0。具有较好的分类效果且分类效果较为稳定，故不再对工作负荷模型进行优化。分析其原因，主要有以下3点：①分类的目标类别数量有限，为二分类问题(高/低工作负荷)，容易得到较好的分类效果。②分类的输入样本特征维度不高，为5维数据，也容易得到较好的分类效果。③工作负荷的样本特征事先经过筛选，该特征在高、低工作负荷条件下已具有较好的可分性，可以得到较好的分类效果。

2. 认知负荷评估模型分析

认知负荷评估模型基于脑电和眼动数据，在SVM分类模型下进行分类。其中，从K折交叉验证($K=9$)的结果AUC值可得，平均结果为0.861，最小结果为0.75，最大结果为0.98，最大与最小之间相差0.23，分类效果的稳定性较差且分类效果不理想。因此，重点对认知负荷模型进行优化。

在模型优化前，首先分析认知负荷模型分类效果较差的原因：①从分类样本数据角度来看，脑电数据具有较高的特征维度(100维)，相比于样本数量(98组)，在进行分类时容易造成"维度灾难"，导致分类效果较差。②从样本数据预处理的角度看，在分类前对高维脑电、眼动数据进行了降维，将107维的特征减少到了5维，数据维度有所减少，但同样也丢失了大量的信息。③在降维过程中，没有考虑各特征本身所具有的信息，只是简单地将特征一并进行降维处理。

因此，针对以上分类效果较差的原因，重点提出改进方法，提高分类效果。

3. 改进方法

若想改善分类效果，需要在数据降维时充分考虑到各个特征本身具有的信息和意义，即需要进一步地分析脑电和眼动数据与认知负荷的关系。在107维的脑电与眼动数据中，总共可分为以下6种类型，分别是：脑电信号中的Delta频段、Theta频段、Alpha频段、Beta频段、Gamma频段以及眼动数据。以上6种信息在不同认知负荷条件下均具有不同的表现与意义，需结合每个特征所具有的意义对107维的特征进行进一步的划分，再进行分类处理。

参考基于脑电、眼动数据进行认知负荷评估的研究现状，有研究表明：脑电信号中的Theta、Alpha、Beta波等频段的能量对脑力负荷变化敏感，当人处于较高警觉性并进行较高难度的任务时，脑电活动的主要成分会趋向于幅度较低、频率较高的Beta频段；当人处于清醒但较低的警觉性时，脑电的Alpha波活动增强；当人处于困倦状态，Theta波会明显增强[79]。一般认为，心理压力、思维活跃和注意力都会促使脑电活动向较高频段移动并且抑制Alpha波的活动。另外，

Alpha 波、Theta 波的能量和任务难度、认知负荷存在相关关系[80-84]。在眼动数据方面[85]，随着认知负荷增加，瞳孔面积逐渐增加。在模拟飞行任务中，瞳孔面积、眼睑开度在不同认知负荷状态下有显著性差异[86-87]。

从上述研究现状可以看出，并不是所有脑电与眼动信号在不同认知负荷状态下均有显著性差异，因此在进行数据降维与分类时，应该将不同显著性的数据区分开，增加在分类时具有较好显著性的特征的权值。每个特征在高/低认知负荷下的显著性差异可以基于配对样本 T 检验得出，具有显著性的特征数目如表 5-14 所示。

表 5-14　脑电、眼动数据中具有显著性的特征数目

分类	具体数据	显著性的数目(总数目)	显著性数目占比
脑电数据	Delta 频段	4(20)	20%
	Theta 频段	5(20)	25%
	Alpha 频段	12(20)	60%
	Beta 频段	3(20)	15%
	Gamma 频段	4(20)	20%
眼动数据	眨眼率、注视时长、注视次数、扫视时长、扫视次数、扫视角度、瞳孔面积	6(7)	85.7%

从表 5-14 可以看出，眼动数据与脑电数据中的 Alpha 频段在高/低认知负荷下具有显著性差异的特征数目较多，分别为 85.7%和 60%。因此可将眼动数据、脑电数据的 Alpha 频段从 107 维的眼动、脑电数据分离，单独基于 SVM 模型分类，剩下的数据可降维处理后再基于 SVM 模型分类。考虑到存在多个分类器的情况，本小节拟用组合分类器来进行认知负荷模型的改进。具体如图 5-26 所示。

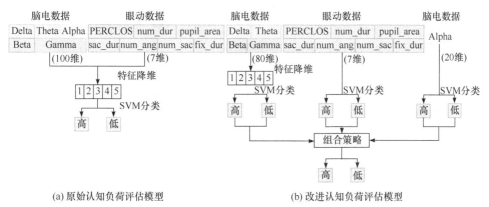

(a) 原始认知负荷评估模型　　　　　　　(b) 改进认知负荷评估模型

图 5-26　原始和改进认知负荷模型

5.3.2　组合分类器设计

利用集成方法来训练得到强分类器，即多分类器集成，也称集成学习方法[88]。基本原理是：用若干个单分类器对样本进行分类，得到多个分类结果，然后利用某种方法将单分类器的分类结果进行组合，得到最终的结果。集成学习方法不仅可以用于分类问题集成[89]，还能用于回归问题集成[90]、特征选取集成以及异常点检测集成等。在机器学习领域中几乎都可以看到集成学习方法。

多分类器集成原理如图 5-27 所示，将获取到的数据分为训练集和测试集，利用训练集训练若干个分类器，再结合一定的策略形成一个强学习器。

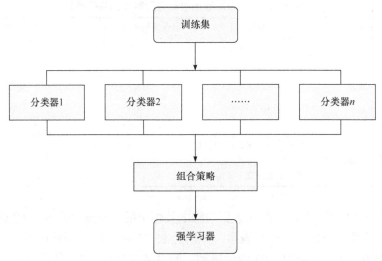

图 5-27　多分类器集成原理图

将多个分类器结果进行组合的方法有很多，下面介绍几种常见的组合方法。假设得到 T 个弱学习器 $\{h_1, h_2, \cdots, h_T\}$。

(1) 平均法。平均法主要用于数值类的回归预测问题，即对若干个弱学习器的输出通过求平均值的方法得到最终的预测输出：

$$H(x) = \frac{1}{T} \sum_{i=1}^{T} h_i(x) \tag{5-22}$$

若给每个弱学习器加权值 w_i，则最终预测结果为

$$H(x) = \sum_{i=1}^{T} w_i h_i(x) \tag{5-23}$$

式中，w_i 为弱学习器 h_i 的权值，通常有

$$w_i \geqslant 0, \quad \sum_{i=1}^{T} w_i = 1 \tag{5-24}$$

(2) 投票法。投票法通常用于分类问题的预测阶段，可以分为多数投票法和加

权投票法。假设分类预测的类别是 $\{c_1, c_2, \cdots, c_k\}$，那么对任意一个预测样本 x，T 个分类器的分类结果为 $(h_1(x), h_2(x), \cdots, h_T(x))$。

多数投票法是一种比较简单的投票方法。使用多数投票法对预测结果进行组合时要满足票数高和票数过半两个条件才能得到预测结果，否则拒绝预测。

加权投票法相对多数投票法比较复杂。利用加权投票法对多分类器的分类结果进行组合时，需要给每个分类器的分类票数乘以一个权值，然后将各个类别的加权票数求和，得到的最大值对应的类别即为最终的类别。

(3) 学习法。投票法和平均法相对比较简单，但在学习阶段可能会出现较大的误差，因此出现了学习法。具有代表性的学习法为 stacking 方法。使用 stacking 方法时，只对弱学习器的结果做简单的逻辑处理是远远不够的，还需一个重要的操作，即再加上一层学习器。stacking 方法的基本过程是：训练阶段，把基分类器的训练结果作为输入，训练样本作为输出，然后重新训练一个新的分类器；测试阶段，先利用新的基分类器预测一次，预测结果作为新基分类器的输入样本，再用新基分类器预测一次，得到最终的预测结果。

在以上 3 种方法中，投票法是最为常用且较为可靠的方法，但由于多数投票法的集成过程只是结果的集成，没有附加其他信息，并不能体现高性能分类器的优势，而加权投票法可以给分类性能高的分类器赋予较高的权值，从而体现高性能分类器的优势。因此，采用集成多分类器加权投票法进行认知负荷模型的优化。

1. 加权投票分类器机制

分类器识别状况的权值矩阵为

$$W = \begin{bmatrix} w_{11} & w_{12} & \cdots & w_{1n} \\ w_{21} & w_{22} & \cdots & w_{2n} \\ \vdots & \vdots & & \vdots \\ w_{m1} & w_{m2} & \cdots & w_{mn} \end{bmatrix}$$

式中，m 为分类器的数量；n 为分类的类别；w_{ij} 为第 i 个分类器在第 j 个分类器类别时设定的权值，权值矩阵中每个元素的取值为

$$w_{ij} = \begin{cases} \omega, & j = c \\ 0, & j \neq c \end{cases} \tag{5-25}$$

式中，ω 为该分类器的预设定权值；c 为该分类器的分类结果。最终在分类时的判定依据为

$$R_j = \sum_{i=1}^{n} w_{ij}, \quad j = 1, 2, \cdots, m \tag{5-26}$$

给定识别阈值 t，若满足 $R_j \geq t$，则输出对应分类的类别。

2. 组合分类器设计流程

三个 SVM 分类器，分别用于脑电数据(降维后)分类、脑电数据(Alpha 频段)分类和眼动数据分类，简称为 C_1、C_2、C_3。设计流程如下：

(1) C_1、C_2、C_3 分别在训练集中学习并进行参数寻优，得出各分类器的参数；

(2) 将各分类器的识别结果与测试集中的结果进行比对，根据正确率排出各分类器可信度的排名；

(3) 收集 C_1、C_2、C_3 识别数字的结果，设定矩阵中各元素的取值范围；

(4) 根据各分类器的可靠性预设拒识阈值 t，通过判断 R_j 与阈值 t 的关系确定分类的类别。

5.3.3　分类结果验证及对比

根据上述组合分类器流程，分别进行脑电数据降维及分类、眼动数据分类、Alpha 频段脑电数据分类。分类完成后，设计合适的组合策略对上述 3 个分类结果进行组合，并对比分类效果。

1. 脑电数据降维及分类

基于因子分析法对 80 维的脑电数据进行降维，降维后的成分矩阵如附表 3 所示，其权值系数矩阵如附表 4 所示，各成分的碎石图如图 5-28 所示。

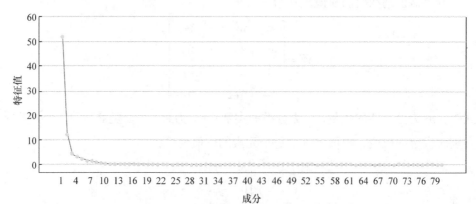

图 5-28　80 维脑电数据降维碎石图

碎石图将各成分包含的信息数量由大到小排列显示，可直观反映出各成分的大致情况，具体数据如表 5-15 所示。

表 5-15　各成分相关信息

成分	特征值	方差百分比/%	累积百分比/%
1	51.902	64.877	64.877
2	12.025	15.032	79.909
3	4.578	5.722	85.631
4	3.018	3.773	89.404
5	2.292	2.865	92.269

可以看出，前 5 个成分能解释 92.269%的方差，已经包含整个 80 维脑电数据的大部分信息，因此将降维后的前 5 个成分作为主要成分。降维完成后，基于 SVM 分类器对该数据进行分类。考虑到样本数量的有限性(90 组)，使用 $K(K=9)$折交叉验证对模型进行全面的评价。模型训练完后，各子集的混淆矩阵如图 5-29 所示，分类效果如表 5-16 所示，ROC 曲线如图 5-30 所示。

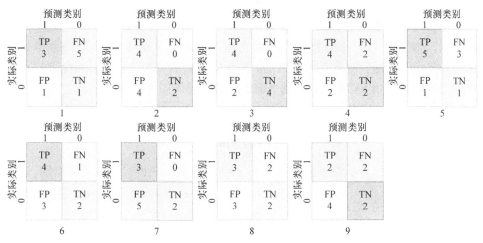

图 5-29　80 维脑电分类器各子集的混淆矩阵

表 5-16　80 维脑电分类器各子集的分类效果

评价指标	子集									平均值
	1	2	3	4	5	6	7	8	9	
错误率	0.6	0.4	0.2	0.4	0.4	0.4	0.5	0.5	0.6	0.44
准确率	0.4	0.6	0.8	0.6	0.6	0.6	0.5	0.5	0.4	0.56
精确率	0.375	1	1	0.67	0.625	0.8	1	0.6	0.5	0.73
召回率	0.75	0.5	0.67	0.67	0.83	0.57	0.375	0.5	0.33	0.58
F 值	0.5	0.67	0.8	0.67	0.714	0.67	0.55	0.55	0.4	0.61
AUC 值	0.86	0.75	0.81	0.75	0.68	0.54	0.53	0.5	0.72	0.63

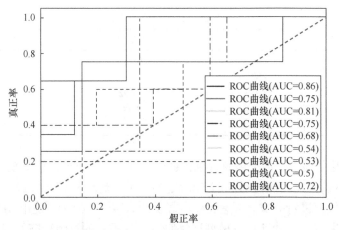

图 5-30　80 维脑电分类器各子集的 ROC 曲线

从表 5-16 指标可以看出，80 维脑电数据降维后再进行分类的分类效果并不理想，相比 107 维脑电及眼动数据降维后的分类效果，仍有可提升的空间。分析其原因，相比于 107 维的数据，80 维的脑电数据缺少显著性较好的眼动数据与 Alpha 波脑电数据，故分类效果欠佳。分析完模型的分类效果后，将全部样本值作为训练数据得出 SVM 分类的超平面的参数，具体如下：

$$w = [-1.681 \quad -3.181 \quad -0.032 \quad -1.475 \quad 3.276]^{\mathrm{T}}$$

$$b = [1.018]$$

以上参数再结合决策方程 $f(x) = w \cdot x + b$ 与 0 的关系即可判断所分类别。

2. 眼动数据分类

基于 SVM 分类器将眼动数据进行分类，考虑到数据样本量为 90 组，同样使用 $K(K=9)$ 折交叉验证来对模型进行全面的评价。模型训练完后，各子集的混淆矩阵如图 5-31 所示，分类效果如表 5-17 所示，ROC 曲线如图 5-32 所示。

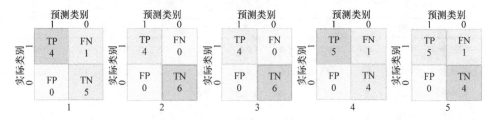

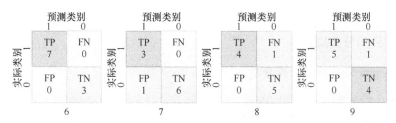

图 5-31　眼动数据分类器各子集的混淆矩阵

表 5-17　眼动数据分类器各子集的分类效果

评价指标	子集									平均值
	1	2	3	4	5	6	7	8	9	
错误率	0.1	0	0	0.1	0.1	0	0.1	0.1	0.1	0.067
准确率	0.9	1	1	0.9	0.9	1	0.9	0.9	0.9	0.933
精确率	0.8	1	1	0.83	0.83	1	0.8	1	0.83	0.899
召回率	1	1	1	1	1	1	1	0.75	1	0.972
F 值	0.89	1	1	0.91	0.91	1	0.89	0.86	0.91	0.930
AUC 值	0.88	1	1	0.9	0.88	1	0.88	0.83	0.92	0.921

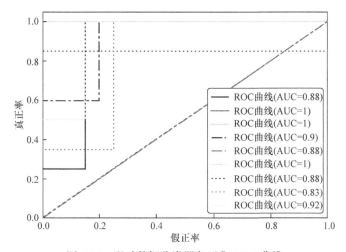

图 5-32　眼动数据分类器各子集 ROC 曲线

　　从上述评价指标可以看出，基于眼动数据的分类模型具有较好的分类效果。分析完模型的分类效果后，将全部样本值作为训练数据得出 SVM 分类的超平面的参数，具体如下：

$$w = [-3.948 \quad -0.041 \quad 0.355 \quad -0.461 \quad 1.155 \quad 0.998 \quad -3.521]^{\mathrm{T}}$$

$$b = [1.882]$$

w 为 7×1 维的矩阵，通过以上参数再结合决策方程 $f(x) = w \cdot x + b$ 与 0 的关系即可判断所分类别。

3. Alpha 频段脑电数据分类

将 20 维的脑电数据用 SVM 分类器分类，并基于 $K(K=9)$ 折交叉验证来对模型进行全面的评价。模型训练完后，各子集的混淆矩阵如图 5-33 所示，分类效果如表 5-18 所示，ROC 曲线如图 5-34 所示。

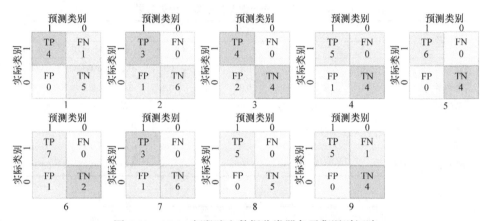

图 5-33　Alpha 频段脑电数据分类器各子集混淆矩阵

表 5-18　Alpha 频段脑电数据分类器各子集的分类效果

评价指标	子集									平均值
	1	2	3	4	5	6	7	8	9	
错误率	0.1	0.1	0.2	0.1	0	0.1	0.1	0	0.1	0.089
准确率	0.9	0.9	0.8	0.9	1	0.9	0.9	1	0.9	0.911
召回率	1	0.75	0.67	0.83	1	0.875	0.75	1	1	0.875
精确率	0.8	1	1	1	1	1	1	1	0.83	0.959
F 值	0.89	0.857	0.8	0.91	1	0.93	0.86	1	0.91	0.906
AUC 值	1	0.95	0.96	1	1	0.94	1	1	0.95	0.978

可以看出，20 维 Alpha 频段脑电数据具有较好的分类效果，w 为 20×1 维的矩阵，结合决策方程 $f(x) = w \cdot x + b$ 与 0 的关系即可判断所分类别。

$$w = [-3.186, -3.186, 1.243, 8.424, -3.432, -1.122, -2.386, 1.913, -1.638, -9.523,$$
$$9.669, -1.049, -7.967, -6.736, 1.684, 5.207, -9.564, -1.848, 1.580, -1.497]^{\mathrm{T}}$$

$$b = [0.742884]$$

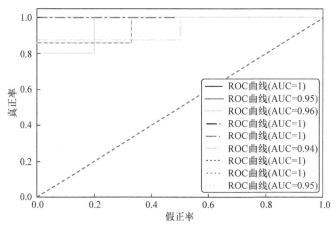

图 5-34　Alpha 频段脑电数据分类器 ROC 曲线

分别得到 3 种不同数据下的认知负荷 SVM 分类模型后，通过设计适当的组合规则，将 3 个 SVM 分类模型的结果进行组合，得到最终的分类结果。

4. 结果组合

从上述 3 个分类器的分类效果评价指标可以看出，基于眼动数据和脑电数据(Alpha 频段)的 SVM 分类器具有较好的分类效果，基于脑电数据(降维后)的 SVM 分类器分类效果较差。因此，在设计组合策略时，基于眼动数据和脑电数据(Alpha 频段)的 SVM 分类器应具有较大的权值，基于脑电数据(80 维)的 SVM 分类器应具有较小的权值。

假设：脑电数据(降维后)SVM 分类器、脑电数据(Alpha 频段)SVM 分类器和眼动数据 SVM 分类器分别简称为 C_1、C_2、C_3。

组合规则中，共有 3 个分类器，分类结果为 2 类，分类器识别的权值矩阵为

$$w = \begin{bmatrix} w_{11} & w_{12} \\ w_{21} & w_{22} \\ w_{31} & w_{32} \end{bmatrix}$$

根据各分类器的分类效果，设定矩阵中各元素的取值范围：

$$w_{1c} = \begin{cases} 1, & c = j \\ 0, & c \neq j \end{cases} \tag{5-27}$$

$$w_{2c} = \begin{cases} 1.5, & c = j \\ 0, & c \neq j \end{cases} \tag{5-28}$$

$$w_{3c} = \begin{cases} 1.5, & c = j \\ 0, & c \neq j \end{cases} \tag{5-29}$$

式中，$c = \{1, 2\}$，表示分类结果为高/低认知负荷两类；j 为实际分类结果。根据公式(5-30)计算 R_j 的值：

$$R_j = \sum_{i=1}^{3} w_{ij}, \quad j = 1, 2 \tag{5-30}$$

给定识别阈值 t，若满足 $R_j \geq t$，则输出对应分类的类别。根据上述组合规则，各子集分类组合结果如图 5-35 所示，各子集的混淆矩阵如图 5-36 所示，分类效果如表 5-19 所示，分类器分类效果对比如表 5-20 所示。

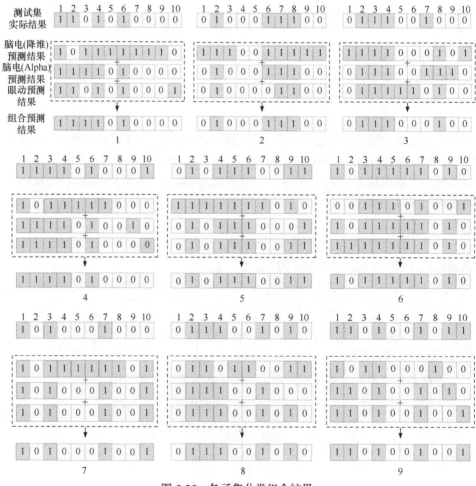

图 5-35　各子集分类组合结果

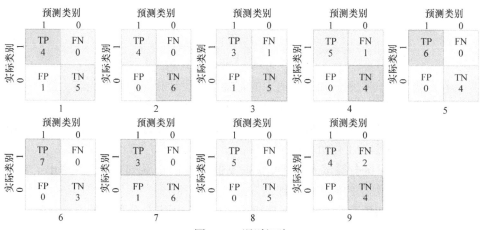

图 5-36　混淆矩阵

表 5-19　组合分类器分类效果

评价指标	子集									平均值
	1	2	3	4	5	6	7	8	9	
错误率	0.1	0	0.2	0.1	0	0	0.1	0	0.2	0.078
准确率	0.9	1	0.8	0.9	1	1	0.9	1	0.8	0.922
精确率	0.8	1	0.75	1	1	1	0.75	1	1	0.922
召回率	1	1	0.75	0.83	1	1	1	1	0.67	0.917
F 值	0.89	1	1	0.91	1	1	0.86	1	0.8	0.940

表 5-20　分类器分类效果对比分析

分类数据	错误率	准确率	精确率	召回率	F 值
脑电+眼动(降维)	0.286	0.714	0.749	0.763	0.746
脑电(降维)	0.44	0.56	0.73	0.58	0.61
眼动数据	0.067	0.933	0.899	0.972	0.9301
脑电(Alpha)	0.089	0.911	0.875	0.959	0.906
结果组合	0.078	0.922	0.922	0.917	0.940

可以看出,组合分类器的分类效果相比于第 3 章的分类模型有了很大的进步,各正向指标提升了 20%以上,同时,组合分类器相比 3 个子分类器,分类效果也有一定程度的提升。

5.4　本　章　小　结

在分析工作负荷和认知负荷概念的基础上，设计相应的实验内容，提出了评估方法并进行了进一步的优化工作。本章完成的主要工作有以下几点：

(1) 设计了可区分被试人员工作负荷高低的模拟飞行实验，并提出了基于眼动、生理指标数据的工作负荷评估方法；

(2) 设计了可区分被试人员认知负荷高低的 N-back 认知实验，并提出了基于眼动、脑电指标数据的认知负荷评估方法；

(3) 针对认知负荷分类效果不理想的情况，采用组合分类器的方法进行了方法的改进和模型的优化。

第6章 认知智能交互式人机协同态势评估
与威胁评估模型

本章建立有人机与无人机认知智能交互式协同决策任务想定，在协同态势评估和威胁评估的定义以及模型结构分析的基础上，分别建模并进行案例仿真验证。

6.1 基于认知智能交互的人机协同决策任务想定

假设：无人机能够依据有人机操作员的认知负荷、外部环境以及自身状态信息进行自主决策。在必要时，无人机可以主动请求有人机的决策协助，或者有人机操作员主动进行协同决策，共同完成作战任务。

任务想定：单架有人机与四架无人机组成混合编队执行作战任务[91]。在任务期间，有人机与无人机需要在态势评估、威胁评估、任务分配以及航路规划等决策环节进行协同，如图 6-1 所示。

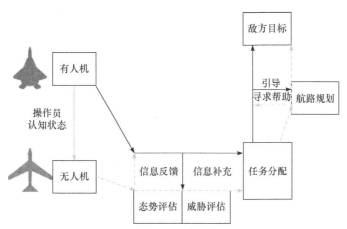

图 6-1 有人机-无人机协同决策任务想定

某区域存在敌方目标，有人机与无人机混合编队任务执行过程如下：

(1) 有人机操作员向基地中待机的可用无人机发布任务命令以及目标位置。

(2) 根据目标位置和已知威胁信息，无人机进行自身的航路规划。

(3) 无人机依照预先规划的航路飞向目标区域，有人机与无人机伴随飞行。

(4) 到达目标区域时，无人机执行对地打击任务并将相关消息上报有人机。

(5) 任务完成后，有人机与无人机按照规划的路线返航，降落在基地。

(6) 在整个作战任务期间，有人机与无人机需要完成态势评估、威胁评估、任务分配、航路规划等环节的协同决策任务。

6.2　基于认知智能交互的人机协同态势评估模型

6.2.1　协同态势评估定义与模型结构

态势评估属于决策级信息融合，主要为指挥控制提供依据和决策支持[92-94]。关于态势评估的定义，被广泛接受的有联合指挥实验室(Joint Directors of Laboratories，JDL)信息融合模型，如图 6-2 所示。

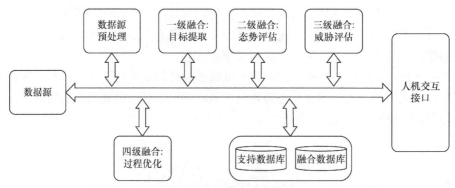

图 6-2　JDL 信息融合模型

态势评估处于 JDL 信息融合模型的第二级，实现对目标提取后更深层次的解读与预测。通过梳理战场敌我形势的关键信息，分析双方部署态势，判别敌方目标群的分布，对敌方作战意图进行预测。

在有人机与无人机认知智能交互式协同决策中，有人机操作员的认知负荷在人机协同态势评估中具有关键作用。例如，当有人机操作员的认知负荷低，处理人机协同任务中突发、紧急等情况的能力强，掌握态势优势的能力强。因此，有必要将有人机操作员的认知负荷状态引入人机协同态势评估的建模中。

认知智能交互式人机协同态势评估中，无人机根据敌我双方武器配备、武器特征、气候、地形，有人机操作员认知负荷等因素，综合各个因素之间的关系，分析当前战场态势，并将评估结果反馈给有人机操作员，有人机操作员结合自身态势认知情况与无人机完成协同态势评估，模型结构如图 6-3 所示。态势评估建模的具体内容比较多，这里将以我方作战优势评估为态势评估的具体研究对象，同时考虑操作员认知负荷状态这一重要影响因素。

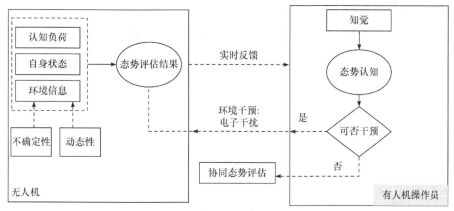

图 6-3　认知智能交互式协同态势评估模型结构

6.2.2　基于 IFCM 的认知智能交互式协同态势评估建模方法

经典的模糊认知图(FCM)对于"非此非彼"的模糊关系难以描述，建模能力有限。例如，敌方战斗机欲对我方某单位实施打击这一事件，既有支持度和反对度，也有对这一事件是否发生的未知度。直觉模糊集可以描述概念的隶属度、非隶属度及犹豫度三方面的信息。除此之外，直觉模糊集有序加权平均(ordered weighted averaging，OWA)算子可以替代一般的 FCM 阈值函数，模拟模糊关系之间的与或关系。因此，将直觉模糊集引入 FCM 进行扩展，得到直觉模糊认知图 (intuitionistic fuzzy cognitive maps，IFCM)，以提高 FCM 建模的适应性。

(1) 直觉模糊集的概念。设 X 是一个非空集合，则称 $A = \{\langle x, \mu_A(x), v_A(x) | x \in X \rangle\}$ 为直觉模糊集。$\mu_A(x) \in [0,1]$ 和 $v_A(x) \in [0,1]$ 分别表示 A 的隶属度和非隶属度，x 在直觉模糊集 A 上的直觉模糊数由二元组 $\langle \mu_A(x), v_A(x) \rangle$ 表示，且满足 $0 \leqslant \mu_A(x) + v_A(x) \leqslant 1$。此外，$\pi_A = 1 - \mu_A(x) - v_A(x)$ 表示 X 中元素 x 对 A 的犹豫度。

对直觉模糊数 $\langle \mu_A(x), v_A(x) \rangle$ 进行举例描述，如 $\langle \mu_A(x), v_A(x) \rangle = \langle 0.5, 0.3 \rangle$，则表示 $\mu_A = 0.5, v_A = 0.3$，可以理解为"对于某一事件的看法上，有 10 个人参与投票，其中 5 人赞成，3 人反对，其余 2 人弃权"。

(2) 直觉模糊数大小比较。假设有直觉模糊数 $a_1 = \langle \mu_{a_1}, v_{a_1} \rangle, a_2 = \langle \mu_{a_2}, v_{a_2} \rangle$，则 $s(a_1) = \mu_{a_1} - v_{a_1}$ 表示 a_1 的得分数，$h(a_1) = \mu_{a_1} + v_{a_1}$ 表示 a_1 的精确度。二者之间的大小关系如下：

① 当 $s(a_1) > s(a_2)$ 时，$a_1 > a_2$；

② 当 $s(a_1) = s(a_2)$ 时，若 $h(a_1) = h(a_2)$ ，则 $a_1 = a_2$ ；若 $h(a_1) > h(a_2)$ ，则 $a_1 > a_2$ ；若 $h(a_1) < h(a_2)$ ，则 $a_1 < a_2$ 。

(3) 直觉模糊数运算法则。假设非空集合 X 上有直觉模糊集 A 和 B ，则

$$A \oplus B = \langle x, \mu_A(x) + \mu_B(x) - \mu_A(x)\mu_B(x), v_A(x)v_B(x) \rangle$$

$$A \otimes B = \langle x, \mu_A(x)\mu_B(x), v_A(x) + v_B(x) - v_A(x)v_B(x) \rangle$$

(4) 有序加权平均算子。假设一组直觉模糊数为 $a_i = \langle \mu_{ai}, v_{ai} \rangle (i = 1, 2, 3, \cdots, n)$ ，若

$$\text{OWA}_e(a_1, a_2, \cdots, a_n) = \sum_{j=1}^{n} e_j b_j$$

式中，b_j 为数组 $a_i(i = 1, 2, 3, \cdots, n)$ 中第 j 大的元素；$e = (e_1, e_2, \cdots, e_n)^T$ 为与函数 OWA 相关的加权向量，$e_j \in [0,1](j = 1, 2, \cdots, n)$，$\sum_{j=1}^{n} e_j = 1$ ；$\text{OWA}_e(a_1, a_2, \cdots, a_n)$ 称为有序加权平均算子。

通过直觉模糊集，对经典 FCM 的相关概念节点以及邻接权值矩阵进行直觉模糊处理，并且用 OWA 算子代替一般 FCM 模型中的阈值函数，得到 IFCM 模型：

$$\text{IFCM} = (C, w, \text{OWA}_e)$$

式中，$C = (C_1, C_2, \cdots, C_n)$ 为 IFCM 的概念节点，表示模型的状态空间集合；$C_i = \langle \mu_{oi}, v_{oi} \rangle$ ，表示节点状态信息；w 表示概念节点模糊关联矩阵，其中 $w_{ij} = \langle \mu_{w_{ij}}, v_{w_{ij}} \rangle$ ，表示 C_i 对 C_j 的作用；$\text{OWA}_e = (\text{OWA}_{e_1}, \text{OWA}_{e_2}, \cdots, \text{OWA}_{e_n})$ 为有序加权平均算子，其中 OWA_{e_i} 与节点 $C_i(i = 1, 2, \cdots, n)$ 对应。

通过初始条件来确定 IFCM 的初始状态空间，经过 IFCM 推理计算，当输出状态达到固定值或者有限循环状态时，模型完成了推理。IFCM 的推理过程如下。

设 t 时刻节点 C_i 对 C_j 产生的作用为 r_{ij} 。

当 $i \neq j$ 时，

$$r_{ij}(t) = \langle \mu_{r_{ij}(t)}, v_{r_{ij}(t)} \rangle = C_i(t) \otimes w_{ij}(t)$$

当 $i = j$ 时，

$$r_{ij}(t) = C_j(t)$$

节点 C_j 在 $t+1$ 时的取值为

$$c_j(t+1) = \text{OWA}_{e_i}[r_{1j}(t), r_{2j}(t), \cdots, r_{nj}(t)] = \sum_{k=1}^{n} e_k r_{\sigma(k)j}(t)$$

式中，$r_{\sigma(k)j}$ 为 $[r_{1j(t)}, r_{2j(t)}, \cdots, r_{nj}(t)]$ 降序处理后第 k 个的直觉模糊数，即 $r_{\sigma(k-1)j}(t) \geqslant r_{\sigma(k)j}(t)$。

直觉模糊认知图的运用主要是为了解决战场环境信息中的不确定性以及信息之间关系的模糊性，但模型的动态性需要引入动态模糊认知图(DFCM)，将动态模糊认知图与直觉模糊认知图结合，形成动态直觉模糊认知图(DIFCM)。

DIFCM 的推理过程如下：

(1) 分析提取模型的概念节点 $C = (C_1, C_2, \cdots, C_n)$ 与环境控制变量 V；

(2) 确定节点之间的因果关系，即邻接权值矩阵 $w = (w_{ij})_{n \times n}$；

(3) 确定 $C = (C_1, C_2, \cdots, C_n)$ 和 V 的初始值，以及确定概念节点的 OWA 算子和相关权值向量；

(4) 进行推理，直到输出节点达到固定值或者有限循环状态。

6.2.3 认知智能交互式协同态势评估模型

将有人机操作员的认知负荷作为概念节点引入态势评估模型中，运用动态直觉模糊认知图解决态势评估中信息的不确定性、信息之间关系的模糊性，建立认知智能交互式人机协同态势评估模型。有人机操作员通过修改环境控制变量 V 来对战场态势进行环境干预，协助无人机完成当前态势的认知，模型如图 6-4 所示。其中概念节点和环境控制变量分别如表 6-1 和表 6-2 所示。

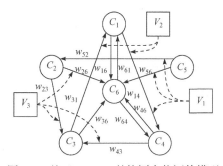

图 6-4 基于 DIFCM 的协同态势评估模型

表 6-1 协同态势评估 DIFCM 模型概念节点

节点	含义
C_1	敌方武器系统毁伤能力
C_2	有人机操作员的认知负荷
C_3	无人机武器系统
C_4	有人机与无人机后方援助系统
C_5	有人机与无人机信息系统
C_6	我方态势优劣程度

表 6-2　协同态势评估模型中的环境控制变量

节点	含义
V_1	大气密度
V_2	敌方支援
V_3	有人机操作员干预

协同态势评估 DIFCM 模型概念节点与环境控制变量的定义与计算如下。

1) 敌方武器系统毁伤能力

$$\begin{cases} \mu_{c_1} = \alpha \cdot \left(1 - \sum_{i=1}^{n}\left(\left(\frac{1}{2}\right)^{R_1^2/R_2^2}\right)^{m_i}\right) \\ v_{c_1} = \beta \cdot \left(\sum_{i=1}^{n}\left(\left(\frac{1}{2}\right)^{R_1^2/R_2^2}\right)^{m_i}\right) \end{cases} \tag{6-1}$$

式中，μ_{c_1}、v_{c_1} 为 C 的直觉模糊集元素；α、β 为相关系数；R_1 为敌方防空武器的毁伤半径；R_2 为敌方防空武器的命中精度；m_i 为敌方第 i 种武器发射数目；n 为敌方武器类型数目。

2) 有人机操作员的认知负荷

可以由第 5 章基于 SVM 的有人机操作员认知负荷评估模型计算确定。

3) 无人机武器系统

假设无人机机载空地导弹发射区如图 6-5 所示。其中，R_{m1} 为空地导弹最小发射距离，R_{m2} 为最大发射距离，β_m 为空地导弹最大发射偏离角。

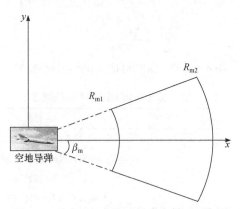

图 6-5　无人机机载空地导弹发射区示意图

空地导弹发射简化成两个判断条件：

(1) 必须满足所需要的偏离角，即 $\beta_t < \beta_m$（β_t 为空地导弹实际发射偏离角）；

(2) 必须满足空地导弹发射的边界，即 $R_{m1} \leqslant R \leqslant R_{m2}$（$R$ 为空地导弹实际发射距离）。

当满足上述条件后，考虑毁伤半径与命中精度两大要素，计算公式如下：

$$\begin{cases} \mu_{c_3} = \alpha \cdot \left(1 - \left(\left(\dfrac{1}{2} \right)^{R_3^2/R_4^2} \right)^{m_i} \right) \\ v_{c_3} = \beta \cdot \left(\left(\dfrac{1}{2} \right)^{R_3^2/R_4^2} \right)^{m_i} \end{cases} \tag{6-2}$$

式中，R_3 为空地导弹的毁伤半径；R_4 为空地导弹的命中精度；m_i 为第 i 种空地导弹的发射数目。

4) 有人机与无人机后方援助系统

有人机与无人机后方援助系统关系程度的直觉模糊集如表 6-3 所示。

表 6-3　援助系统关系程度的直觉模糊集

关系程度	直觉模糊集
非常高	$\langle 0.95, 0.05 \rangle$
高	$\langle 0.70, 0.25 \rangle$
中	$\langle 0.50, 0.40 \rangle$
低	$\langle 0.25, 0.70 \rangle$
非常低	$\langle 0.05, 0.95 \rangle$
无	$\langle 0, 1 \rangle$

5) 有人机与无人机信息系统

对有人机与无人机信息系统做出简化，认为有人机与无人机之间的通信质量越好，信息系统越可靠和稳定。有人机与无人机信息系统计算公式如下：

$$\begin{cases} \mu_{c_5} = \alpha \cdot \tanh \left(0.5 \times (Q_{max} - Q_{kx}) \times (t_f - t_p) + 0.5 \times \dfrac{1}{n_r} \times \dfrac{\sum_{y=1}^{n_r}(M_r)_y}{\sum_{y=1}^{n_t}(M_t)_x} \right) \\ v_{c_5} = \beta \cdot \left(1 - \tanh \left(0.5 \times (Q_{max} - Q_{kx}) \times (t_f - t_p) + 0.5 \times \dfrac{1}{n_r} \times \dfrac{\sum_{y=1}^{n_r}(M_r)_y}{\sum_{y=1}^{n_t}(M_t)_x} \right) \right) \end{cases} \tag{6-3}$$

式中，Q_{max} 为通信系统允许的最大数据率；Q_{kx} 为损失的数据率；t_f 为单位接收时隙的持续时间；t_p 为单位信息的传播时间；n_r 为接收数量；n_t 为发送数量；M_t 为发送信息的大小；M_r 为接收信息的大小。

6) 我方态势优劣程度

$$我方态势优劣程度 = \begin{cases} 我方特别优势, & C_6 \geqslant [0.70, 0.25] \\ 我方优势, & [0.50, 0.40] \leqslant C_6 < [0.70, 0.25] \\ 均势, & [0.40, 0.50] \leqslant C_6 < [0.50, 0.40] \\ 我方劣势, & [0.25, 0.70] \leqslant C_6 < [0.40, 0.50] \\ 我方特别劣势, & [0, 1] \leqslant C_6 < [0.25, 0.70] \end{cases}$$

基于 DIFCM 的模型中，环境控制变量 V 体现了模型的动态性，既包括外部环境因素的影响，又包括有人机操作员实施干预的影响。

1) 大气密度

当大气密度 ρ 小于标准大气密度时，飞机所受的推力减小，进而影响最大平飞速度和爬升率。设计大气密度控制变量 V_1 的计算公式如下：

$$V_1 = \begin{cases} 1, & \rho \geqslant 1.225 \\ \dfrac{\rho - 0.104}{1.225 - 0.104}, & \rho < 1.225 \end{cases} \tag{6-4}$$

2) 敌方支援

利用敌方支援平台与敌方目标的距离 d 作为主要参数，设计敌方支援控制变量 V_2 的计算公式如下：

$$V_2 = \begin{cases} 0.7, & d \in (d_1, d_2] \\ 0.4, & d \in (d_2, d_3] \\ 0.1, & d \in (d_3, d_4] \end{cases} \tag{6-5}$$

3) 有人机操作员干预

根据有人机操作员干预程度设计控制变量 V_3 对应的直觉模糊集，如表 6-4 所示。

表 6-4　有人机操作员干预程度的直觉模糊集

干预程度	直觉模糊集
非常高	$\langle 0.95, 0.05 \rangle$
高	$\langle 0.70, 0.25 \rangle$
中	$\langle 0.50, 0.40 \rangle$
低	$\langle 0.25, 0.70 \rangle$
非常低	$\langle 0.05, 0.95 \rangle$
无	$\langle 0, 1 \rangle$

态势评估模型中的邻接权值矩阵一般可以由领域专家确定，而 DIFCM 建模方法能够较好地体现专家在确定权值时的主观犹豫特征。

6.2.4 案例仿真分析

假设态势评估模型的邻接权值矩阵为

$$w(\mu_{ij}) = \begin{bmatrix} 1 & 0 & 0 & 0.3 & 0 & 0.65 \\ 0 & 1 & 0.6 & 0 & 0 & 0.7 \\ 0.5 & 0 & 1 & 0 & 0 & 0.7 \\ 0 & 0 & 0.45 & 1 & 0 & 0.8 \\ 0 & 0.63 & 0 & 0 & 1 & 0.75 \\ 0.3 & 0 & 0 & 0.2 & 0 & 1 \end{bmatrix}$$

$$w(v_{ij}) = \begin{bmatrix} 0 & 1 & 1 & 0.6 & 1 & 0.25 \\ 1 & 0 & 0.2 & 1 & 1 & 0.1 \\ 0.4 & 1 & 0 & 1 & 1 & 0.25 \\ 1 & 1 & 0.35 & 0 & 1 & 0.15 \\ 1 & 0.28 & 1 & 1 & 0 & 0.15 \\ 0.5 & 1 & 1 & 0.7 & 1 & 0 \end{bmatrix}$$

设计不同环境变量 V_k 对相应权值 w_{ij} 的影响函数及其参数，如表 6-5 所示。

表 6-5 协同态势评估 DIFCM 模型 V_k 对 w_{ij} 的影响函数

w_{ij}	V_k 对 w_{ij} 的影响	影响函数
w_{14}	$f(w_{14}, V_1, 0.2)$	$w_{14} - 0.2 \cdot V_1 \cdot w_{14}$
	$f(w_{14}, V_2, 0.33)$	$w_{14} + 0.33 \cdot V_2 \cdot w_{14}$
w_{23}	$f(w_{23}, V_3, 0.3)$	$w_{23} + 0.3 \cdot V_3 \cdot w_{23}$
w_{26}	$f(w_{26}, V_3, 0.4)$	$w_{26} + 0.4 \cdot V_3 \cdot w_{26}$
w_{31}	$f(w_{31}, V_1, 0.2)$	$w_{31} - 0.2 \cdot V_2 \cdot w_{31}$
w_{43}	$f(w_{43}, V_3, 0.5)$	$w_{43} + 0.5 \cdot V_3 \cdot w_{43}$
w_{52}	$f(w_{52}, V_1, 0.25)$	$w_{52} - 0.25 \cdot V_1 \cdot w_{52}$
w_{56}	$f(w_{56}, V_1, 0.15)$	$w_{56} - 0.15 \cdot V_1 \cdot w_{56}$

表 6-5 中，环境控制变量 V_1 和 V_2 同时作用于 w_{14}，此时选择对 w_{14} 影响最大的变量，作为影响变量。

1) 模型的动态性验证

t_1 和 t_2 时刻环境控制变量分别如表 6-6 所示。

表 6-6　　t_1 和 t_2 时刻的 V_k 值

V_k	t_1	t_2
大气密度 V_1	−0.1	−0.4
敌方支援 V_2	0.2	0.6
有人机操作员干预 V_3	0.5	0.1

由表 6-6 分析可知，t_1 时刻的外部环境优于 t_2 时刻，给定模型的初始输入状态值，可以分别得到 t_1 和 t_2 时刻的协同态势评估结果。

t_1 和 t_2 时刻 DIFCM 模型权值如表 6-7 所示。

表 6-7　　t_1 和 t_2 时刻 DIFCM 模型权值

w_{ij}	w_{ij}^0	$w_{ij}^{t_1}$	$w_{ij}^{t_2}$
w_{14}	⟨0.3,0.6⟩	⟨0.3066,0.6120⟩ ⟨0.2802,0.5604⟩	⟨0.3240,0.6480⟩ ⟨0.2406,0.4812⟩
w_{23}	⟨0.6,0.2⟩	⟨0.6360,0.2120⟩	⟨0.7080,0.2360⟩
w_{26}	⟨0.7,0.1⟩	⟨0.8400,0.1200⟩	⟨0.7280,0.1040⟩
w_{31}	⟨0.5,0.4⟩	⟨0.4900,0.3200⟩	⟨0.4700,0.3760⟩
w_{43}	⟨0.45,0.35⟩	⟨0.5625,0.4375⟩	⟨0.4725,0.3675⟩
w_{52}	⟨0.63,0.28⟩	⟨0.6458,0.2870⟩	⟨0.6930,0.3080⟩
w_{56}	⟨0.68,0.3⟩	⟨0.7613,0.1523⟩	⟨0.7950,0.1590⟩

按照 DIFCM 模型进行迭代推理，结果如表 6-8 所示。其中，第一组是模型的初始输入节点状态值；第二组是不考虑环境影响下的模型推理结果；第三组和第四组分别是在 t_1 时刻和 t_2 时刻，考虑环境影响下的模型推理结果。第三、四组与第二组相比，我方态势优劣程度 C_6 的隶属度与非隶属度都所提高，表明我方态势在 t_1 时刻更具有优势。对比 t_1 时刻和 t_2 时刻模型输出，各个概念节点状态值的变化如图 6-6 所示。可以看到，t_2 时刻外部环境具有更大的敌方援助和较小的我方有人机操作员干预等特征，模型推理结果显示，t_2 时刻节点 C_2 和 C_3 的状态值比 t_1 时刻要大。因此，仿真结果与定性分析一致。

表 6-8　　DIFCM 模型推理结果

节点	初始值	模型推理结果		
		不考虑环境影响	t_1	t_2
C_1	⟨0.55,0.45⟩	⟨0.4500,0.4412⟩	⟨0.4488,0.4401⟩	⟨0.4465,0.4379⟩
C_2	⟨0.75,0.25⟩	⟨0.7063,0.2800⟩	⟨0.7075,0.2856⟩	⟨0.7111,0.2874⟩

续表

节点	初始值	模型推理结果		
		不考虑环境影响	t_1	t_2
C_3	$\langle 0.7, 0.3 \rangle$	$\langle 0.6506, 0.2364 \rangle$	$\langle 0.6553, 0.2396 \rangle$	$\langle 0.6566, 0.2385 \rangle$
C_4	$\langle 0.65, 0.35 \rangle$	$\langle 0.4869, 0.3448 \rangle$	$\langle 0.4871, 0.3452 \rangle$	$\langle 0.4878, 0.3462 \rangle$
C_5	$\langle 0.7, 0.3 \rangle$	$\langle 0.7000, 0.2800 \rangle$	$\langle 0.7000, 0.2800 \rangle$	$\langle 0.7000, 0.2800 \rangle$
C_6	$\langle 0.5, 0.5 \rangle$	$\langle 0.4916, 0.3788 \rangle$	$\langle 0.5652, 0.3902 \rangle$	$\langle 0.5358, 0.4039 \rangle$

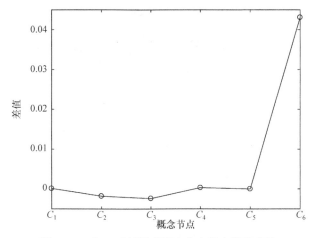

图 6-6　t_1 与 t_2 时刻模型概念节点状态值的变化

2) 模型的不确定性推理能力验证

使用五组具有不确定性的输入数据，分析模型推理输出情况，如表 6-9 所示。其中第一组概念节点状态值不设定犹豫度；第二组概念节点状态 C_1 具有的犹豫度为 0.1；第三组在第二组的基础上，设定 C_2 的犹豫度为 0.2；第四组在第三组的基础上，设定 C_3 的犹豫度为 0.2；第五组则是在第四组的基础上，设定 C_4 的犹豫度为 0.3。可以看到，从第一组到第五组，模型推理输出结果具有犹豫度的概念节点数量在不断增加，各组 C_6 节点输出结果的犹豫度比较如图 6-7 所示。

表 6-9　具有不同不确定性的模型输入与输出

节点	第一组	第二组	第三组	第四组	第五组
C_1	$\langle 0.65, 0.35 \rangle$	$\langle 0.7, 0.2 \rangle$	$\langle 0.7, 0.2 \rangle$	$\langle 0.7, 0.2 \rangle$	$\langle 0.7, 0.2 \rangle$
C_2	$\langle 0.7, 0.3 \rangle$	$\langle 0.7, 0.3 \rangle$	$\langle 0.6, 0.2 \rangle$	$\langle 0.6, 0.2 \rangle$	$\langle 0.7, 0.3 \rangle$
C_3	$\langle 0.7, 0.3 \rangle$	$\langle 0.7, 0.3 \rangle$	$\langle 0.7, 0.3 \rangle$	$\langle 0.7, 0.1 \rangle$	$\langle 0.7, 0.3 \rangle$
C_4	$\langle 0.6, 0.4 \rangle$	$\langle 0.6, 0.4 \rangle$	$\langle 0.6, 0.4 \rangle$	$\langle 0.6, 0.4 \rangle$	$\langle 0.6, 0.1 \rangle$
C_5	$\langle 0.7, 0.3 \rangle$	$\langle 0.7, 0.3 \rangle$	$\langle 0.6, 0.2 \rangle$	$\langle 0.6, 0.2 \rangle$	$\langle 0.7, 0.3 \rangle$
C_6	$\langle 0.5380, 0.4293 \rangle$	$\langle 0.5332, 0.4216 \rangle$	$\langle 0.4857, 0.3674 \rangle$	$\langle 0.4838, 0.3549 \rangle$	$\langle 0.4479, 0.3026 \rangle$

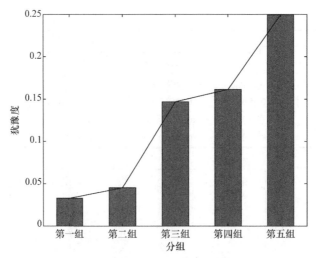

图 6-7　各组 C_6 节点输出结果的犹豫度比较

　　节点具有犹豫度的分组输出值与第一组相比，具有更多的不确定性。随着概念节点中犹豫度的递增，模型输出的我方态势优劣程度 C_6 具有的犹豫度增加，即不确定性增加。第五组加入了比较大的犹豫度，因此第五组相对第四组的犹豫度增幅是比较大的，符合主观定性判断，说明态势评估 DIFCM 模型能够进行包含不确定数据的推理。

3) 态势评估 DIFCM 模型推理结果验证

　　态势评估 DIFCM 模型推理的结果是直觉模糊数，运用得分数和精确度来区分态势评估结果，模型推理输入与输出数据如表 6-10 所示。

表 6-10　DIFCM 模型推理输入与输出数据

节点 C	第一组	第二组	第三组	第四组
C_1	$\langle 0.65, 0.35 \rangle$	$\langle 0.9, 0.1 \rangle$	$\langle 0.65, 0.35 \rangle$	$\langle 0.65, 0.35 \rangle$
C_2	$\langle 0.7, 0.2 \rangle$	$\langle 0.7, 0.2 \rangle$	$\langle 0.6, 0.3 \rangle$	$\langle 0.8, 0.1 \rangle$
C_3	$\langle 0.6, 0.3 \rangle$	$\langle 0.6, 0.3 \rangle$	$\langle 0.5, 0.4 \rangle$	$\langle 0.8, 0.1 \rangle$
C_4	$\langle 0.7, 0.2 \rangle$	$\langle 0.7, 0.2 \rangle$	$\langle 0.7, 0.2 \rangle$	$\langle 0.7, 0.2 \rangle$
C_5	$\langle 0.6, 0.3 \rangle$	$\langle 0.6, 0.3 \rangle$	$\langle 0.6, 0.3 \rangle$	$\langle 0.75, 0.12 \rangle$
C_6	$\langle 0.5294, 0.3573 \rangle$	$\langle 0.5120, 0.3580 \rangle$	$\langle 0.4936, 0.3933 \rangle$	$\langle 0.6080, 0.2596 \rangle$

　　将第一组作为对照组，第二组敌方武器毁伤能力较强；第三组我方有人机操作员认知负荷较高、武器系统较弱；第四组我方有人机操作员认知负荷较低、武器系统较强。各组模型推理输出结果的得分数对比如图 6-8 所示。

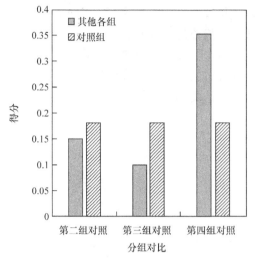

图 6-8　各组模型输出结果的得分数对比

可以看出，第二组得分低于对照组，说明我方态势略劣于敌方；第三组得分更加低于对照组，说明我方态势处于劣势；第四组得分远高于对照组，说明我方态势有较大优势，与敌我态势优劣程度的定性分析判断符合，验证了协同态势感知 DIFCM 模型的有效性。

6.3　基于认知智能交互的人机协同威胁评估模型

威胁评估处于 JDL 信息融合模型的第三级，是在态势评估基础上分析敌我双方武器部署、武器类型、编队作战意图等，得出敌方编队对我方作战单位的威胁程度，为有人机操作员在后续的作战任务中提供辅助决策支持。

6.3.1　协同威胁评估分析

威胁评估包括三级功能模型：威胁要素提取、威胁度计算、威胁等级确定，如图 6-9 所示。

图 6-9　威胁评估三级功能模型

威胁要素提取：针对不同的战场任务，需要提取的威胁评估要素不同。例如，压制敌防空力量(SEAD)任务，威胁评估要素主要有敌方地面防空武器类型、防空武器数目以及敌方雷达位置、干扰能力等[95]。威胁度计算：对提取的评估要素进行计算，定量描述敌方作战单位对我方的威胁度。量化后的评估要素有利于建立计算模型，更好地分析各个要素对于威胁程度的影响。威胁等级确定：根据威胁源的不同以及专家经验设定的权值，对威胁度进行量化计算，确定威胁程度所处的等级及其排序。威胁评估具体步骤如图 6-10 所示。

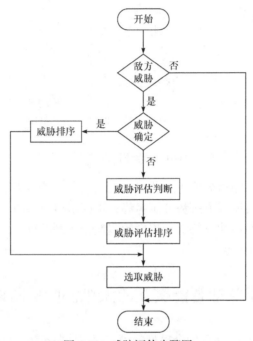

图 6-10　威胁评估步骤图

在有人机与无人机的协同威胁评估建模中，需要关注以下几个问题：

(1) 需要具备处理复杂战场环境信息不确定性的能力；

(2) 需要利用数据之间的关联特性提高评估的准确性；

(3) 在模型权值的设定上需同时结合专家知识和数据；

(4) 需将有人机操作员认知负荷作为评估的要素之一。

6.3.2　认知智能交互式协同威胁评估模型结构

无人机根据敌方目标相关信息、操作员认知负荷及无人机状态，对敌方目标进行威胁评估。在认知智能交互的模式下，无人机会综合有人机操作员认知负荷状态，动态地进行威胁评估，为有人机操作员提供决策辅助。必要时，有人机操作员可以根据自身的经验与有人机平台信息支持，以及其他单位信息支持，对无人机的威胁评估提供数据支持和信息补充，模型结构如图 6-11 所示。

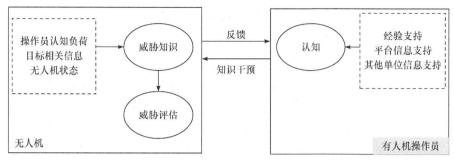

图 6-11　认知智能交互式协同威胁评估模型结构

6.3.3　基于 IFCM 和遗传算法的威胁评估建模方法

针对威胁评估中存在的不确定性问题，采用直觉模糊认知图(IFCM)建立模型。同时，将该模型与遗传算法结合，降低模型中邻接权值矩阵的主观因素。这种学习模型可以包含 IFCM 模型节点之间的每一个因果关系权值，主要优点是可以在高维与连续空间中使用，可以在搜索过程中应用更丰富的进化算子，全局搜索优化能力较强。IFCM 与遗传算法结合的建模步骤如表 6-11 所示。

表 6-11　基于遗传算法的 IFCM 模型建立步骤

步骤	内容
1	输入历史数据，即概念节点状态值 $(C_1, C_2, \cdots, C_n)$ ；
2	生成邻接权值矩阵 W 中的随机值；
3	迭代：对邻接权值矩阵 W 进行遗传算法学习，直到达到迭代条件或者继续学习；
4	如果适应度函数大于最大适应度或者迭代次数大于最大迭代次数，则退出迭代；
5	返回：最佳邻接权值矩阵 W

基于遗传算法的协同威胁评估 IFCM 模型实现步骤如下：

(1) 根据专家经验选取威胁评估要素作为 IFCM 的概念节点，并确定节点之间的因果关系，得到邻接权值矩阵 W。

(2) 设计遗传算法的染色体，建立初始种群。由于 IFCM 模型存在隶属度与非隶属度，若存在 m 个未知权值和 n 个节点，则一条染色体长度为 $2 \times m + n$。种群数若为 p，则初始种群为 $p \times (2 \times m + n)$。

(3) 定义适应度函数，适应度函数一般形式为

$$\text{fitness} = h(\text{Error}) \tag{6-6}$$

$$h(x) = \frac{1}{ax + 1} \tag{6-7}$$

式中，a 为控制精度的参数；Error 为输入向量与输出向量的差值。

$$\text{Error} = \frac{1}{N}\sum_{n=1}^{N}\left|C_n(t) - C_n(t+1)\right|^2 \tag{6-8}$$

式中，N 为 IFCM 模型的节点个数。误差越小，则表明适应度函数越接近于 1。

(4) 确定选择策略。这里采用轮盘赌策略，个体被选中的概率与自身适应度函数有关，适应度函数越大，越容易被选中。

(5) 设计交叉算子。可以采用单点交叉、部分匹配以及循环交叉等方法。

(6) 设计变异算子。

(7) 设计迭代终止条件。通常为适应度函数值或最大迭代次数。

6.3.4　认知智能交互式协同威胁评估模型

基于我方无人机威胁要素的选取，同时引入有人机操作员的认知负荷作为模型的概念节点，建立威胁评估 IFCM 模型如图 6-12 所示，协同态势威胁评估概念节点及其含义见表 6-12。

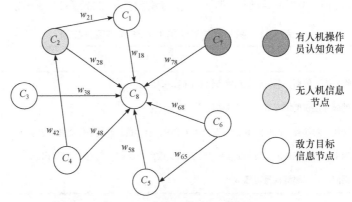

图 6-12　威胁评估 IFCM 模型

表 6-12　协同态势威胁评估概念节点及其含义

节点	含义
C_1	目标对无人机的位置威胁
C_2	无人机的机动能力
C_3	目标的电子对抗能力
C_4	目标的类型
C_5	目标的武器装备杀伤能力
C_6	目标雷达探测能力
C_7	有人机操作员认知负荷
C_8	敌方对无人机的威胁程度

1) 目标对无人机的位置威胁

位置威胁一般从敌我距离、敌方速度、敌方运动方向三个因素考虑。

$$C_1 = \alpha \cdot E_e + \beta \cdot E_d + \gamma \cdot E_h \tag{6-9}$$

式中，E_e、E_d、E_h 分别为角度威胁、距离威胁与速度威胁；α、β、γ 为对应系数。

(1) 距离威胁归一化函数如下：

$$E_d = \begin{cases} 0.5 - 0.2 \times \dfrac{r - \mathrm{rmt}}{\mathrm{rm} - \mathrm{rmt}}, & \mathrm{rmt} < r < \mathrm{rm} \\ 0.5, & r \leqslant \mathrm{rm}, r < \mathrm{rmt} \\ 0.8, & \max(\mathrm{rm}, \mathrm{rmt}) < r < \mathrm{rr} \\ 1.0, & \mathrm{rm} < r < \mathrm{rmt} \end{cases} \tag{6-10}$$

式中，r 为与敌方目标的距离；rm 为无人机导弹最大射程；rmt 为敌方防空导弹射程；rr 为无人机雷达最大跟踪距离。

(2) 角度威胁计算公式为

$$E_e = |\theta_R| / 2\pi \tag{6-11}$$

(3) 速度威胁计算公式为

$$E_v = \alpha \cdot \frac{v}{vm} \tag{6-12}$$

2) 无人机的机动能力

$$C_2 = \varepsilon_c \cdot B \tag{6-13}$$

式中，ε_c 为操作系数，由数据库得出；B 为机动性参数。

$$B = 0.1 \cdot \overline{\omega} + 0.15 \cdot \overline{\mathrm{Ma}} + 0.15 \cdot \overline{T_R} + 0.25 \cdot \overline{n_y} + 0.35 \cdot \overline{P_{\mathrm{SEP}}} \tag{6-14}$$

式中，$\overline{\omega}$ 为无人机最大瞬时角速度；$\overline{\mathrm{Ma}}$ 为最大马赫数；$\overline{T_R}$ 为推重比；$\overline{n_y}$ 为最大稳定盘旋过载；$\overline{P_{\mathrm{SEP}}}$ 为最大单位剩余功率；"—"表示已经采用 Sigmoid 函数对参数进行了归一化。

3) 目标的电子对抗能力

$$C_3 = K_x \cdot \left(\frac{\overline{W}}{\overline{Q}} \right) \left(\frac{\overline{F}}{\overline{f}} \right) \left(\frac{\overline{R}}{\overline{r}} \right) \cdot P_{\mathrm{yd}} \tag{6-15}$$

式中，K_x 为干扰因子；$\overline{Q}$、$\overline{f}$ 和 $\overline{r}$ 为实际情况下的空域干扰范围、频率干扰范围以及干扰暴露距离；$\overline{W}$、$\overline{F}$ 和 $\overline{R}$ 分别为任务要求下的空域干扰范围、频率干扰范围以及干扰暴露距离；P_{yd} 为引导成功率；"—"表示已经进行归一化处理。

4) 目标的类型

假设地面威胁有两种防空武器类型：防空导弹 SAM 与防空高炮 AAA。这里定义 5 种典型威胁源，如表 6-13 所示。

表 6-13　典型防空武器相关信息

威胁源	水平距离/km	垂直距离/km	雷达类型	对应防空武器系统
T_1	23.4～27	21.6	R_1(EM004)	SAM1/SAM2
T_2	14.4	19.8	R_2(EM007)	SAM3
T_3	7.2	19.8	R_3(EM008)	SAM4
T_4	3.6	6.0	R_4(EM010)	AAA3
T_5	3.6	3.0	R_5(EM009)	AAA1/AAA2

地面防空武器类型(T_1、T_2、T_3、T_4、T_5)与雷达类型(R_1、R_2、R_3、R_4、R_5)一一对应，无人机一般可以通过雷达侦察判断敌方雷达类型，进而实现目标类型的识别。如图 6-13 所示，可以从四个方面来判断雷达类型。

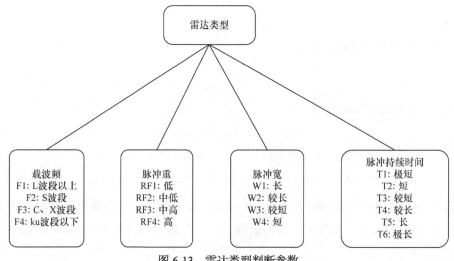

图 6-13　雷达类型判断参数

对于不同类型的目标，确定对应的威胁程度模糊值，如表 6-14 所示。

表 6-14　目标威胁程度模糊值

威胁源类型	威胁程度模糊值
T_1	0.9
T_2	0.7
T_3	0.5
T_4	0.3
T_5	0.1

5) 目标的武器装备杀伤能力

判断敌方防空武器系统(导弹、高炮)能否攻击我方无人机的条件包括:

(1) 敌方警戒雷达探测能力大于某个数值，如取 0.6。

(2) 无人机进入了敌方可攻击射程内，即 $L_{min} < R < L_{max}$ ，L_{max} 和 L_{min} 分别为敌方防空武器的最大射程和最小射程。

(3) 无人机进入了敌方防空武器可攻击高度，即 $H_{min} < h < H_{max}$ ，H_{max} 和 H_{min} 分别为敌方防空武器最大射高和最小射高。

(4) 无人机进入了敌方防空武器可攻击角度，即 $\alpha < \beta_{max}$ ，β_{max} 为防空武器的最大角度。

当敌方防空武器构成对我方无人机实施攻击的条件，其杀伤能力计算如下:

$$C_5 = 1 - \left(\left(\frac{1}{2} \right)^{R_1^2/R_2^2} \right)^{m_0} \tag{6-16}$$

式中，R_1 为武器的杀伤半径；R_2 为武器的命中精度。

6) 目标雷达探测能力

敌方地面目标雷达工作需要满足以下条件:

(1) 我方无人机飞入敌方雷达工作范围，即 $R_{ur} < R_{work}$ (R_{work} 为敌方雷达最大工作距离，R_{ur} 为无人机与敌方雷达之间的距离)。

(2) 无人机进入敌方雷达扫描区域，即 $\alpha_t < \alpha_r, \beta_t < \beta_r$ (α_t、β_t 分别为无人机与敌方雷达在竖直面和水平面的角度，α_r、β_r 分别为敌方雷达在竖直面和水平面能够扫描的最大角度)。

满足上述两个条件时，敌方雷达探测能力的计算公式为

$$C_6 = \exp \left[\frac{(R_{ur}/R_{work})^4 \ln P_{do} \ln P_{fa}}{\ln P_{fa} - \ln P_{do} + (R_{ur}/R_{work})^4 \ln P_{do}} \right] \tag{6-17}$$

式中，P_{fa} 为敌方雷达虚警概率；P_{do} 为最大距离处的探测概率。若不满足条件，C_6 取值为 0。

7) 有人机操作员认知负荷

可以由第 5 章基于 SVM 的有人机操作员认知负荷评估模型计算确定。

6.3.5　案例仿真验证

假设协同威胁评估模型初始邻接权值矩阵如下:

$$W = \begin{bmatrix} \langle 1,0 \rangle & \langle 0,1 \rangle & \langle 0,1 \rangle & \langle 0,1 \rangle & \langle 0,1 \rangle & \langle 0,1 \rangle & \langle 0,1 \rangle & w_{18} \\ w_{21} & \langle 1,0 \rangle & \langle 0,1 \rangle & \langle 0,1 \rangle & \langle 0,1 \rangle & \langle 0,1 \rangle & \langle 0,1 \rangle & w_{28} \\ \langle 0,1 \rangle & \langle 0,1 \rangle & \langle 1,0 \rangle & \langle 0,1 \rangle & \langle 0,1 \rangle & \langle 0,1 \rangle & \langle 0,1 \rangle & w_{38} \\ \langle 0,1 \rangle & w_{42} & \langle 0,1 \rangle & \langle 1,0 \rangle & \langle 0,1 \rangle & \langle 0,1 \rangle & \langle 0,1 \rangle & w_{48} \\ \langle 0,1 \rangle & \langle 0,1 \rangle & \langle 0,1 \rangle & \langle 0,1 \rangle & \langle 1,0 \rangle & \langle 0,1 \rangle & \langle 0,1 \rangle & w_{58} \\ \langle 0,1 \rangle & \langle 0,1 \rangle & \langle 0,1 \rangle & \langle 0,1 \rangle & w_{65} & \langle 1,0 \rangle & \langle 0,1 \rangle & w_{68} \\ \langle 0,1 \rangle & \langle 0,1 \rangle & \langle 0,1 \rangle & \langle 0,1 \rangle & \langle 0,1 \rangle & \langle 0,1 \rangle & \langle 1,0 \rangle & w_{78} \\ \langle 0,1 \rangle & \langle 0,1 \rangle & \langle 0,1 \rangle & \langle 0,1 \rangle & \langle 0,1 \rangle & \langle 0,1 \rangle & w_{87} & \langle 1,0 \rangle \end{bmatrix}$$

其中，需要由专家确定的权值取值范围如表 6-15 所示。

表 6-15　专家确定的权值取值范围

w_{18}	w_{21}	w_{28}	w_{38}
$\langle [0.6,0.7],[0.2,0.3] \rangle$	$\langle [0.2,0.4],[0.5,0.6] \rangle$	$\langle [0.5,0.6],[0.3,0.4] \rangle$	$\langle [0.7,0.8],[0.1,0.2] \rangle$
w_{42}	w_{48}	w_{58}	w_{65}
$\langle [0.3,0.4],[0.5,0.6] \rangle$	$\langle [0.6,0.7],[0.2,0.3] \rangle$	$\langle [0.7,0.8],[0.1,0.2] \rangle$	$\langle [0.5,0.7],[0.1,0.2] \rangle$
w_{68}	w_{78}	w_{87}	
$\langle [0.4,0.6],[0.3,0.4] \rangle$	$\langle [0.2,0.4],[0.5,0.6] \rangle$	$\langle [0.4,0.5],[0.3,0.5] \rangle$	

在实验历史数据库中选取 100 组概念节点值，其中随机抽取 70 组作为 IFCM 邻接权值矩阵的训练，剩余 30 组用来检验模型的准确性。

(1) 染色体编码。模型中需要专家确定的权值一共 11 组，染色体编码为

$$\text{chromosome} = [\mu_{18}, v_{18}, \mu_{21}, v_{21}, \mu_{28}, v_{28}, \cdots, \mu_{87}, v_{87}]$$

其中，μ、v 分别为对应权值中的隶属度与非隶属度。

(2) 选择。如图 6-14 所示，轮盘赌规则就是按照染色体适应度大小将轮盘分成对应的区间，每次轮盘转动会选择一个染色体，70 组为一个种群。个体 i 被选中的概率为

$$P_i = \frac{\text{fitness}(i)}{\sum_{i=1}^{P} \text{fitness}(i)} \qquad (6-18)$$

(3) 交叉。对新生成的种群进行交叉时，随机选择两条染色体，在随机位置进行单点交叉，如图 6-15 所示。是否进行交叉由交叉概率控制。

(4) 变异。设定一个随机数，若该随机数小于变异概率，则对该染色体的随机位置进行变异，如图 6-16 所示。

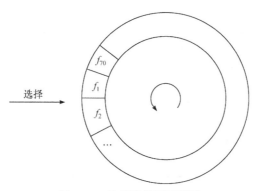

图 6-14　轮盘赌规则示意图

图 6-15　交叉示意图

图 6-16　变异示意图

(5) 精英保留策略。为了保留较好的基因，采用精英保留策略，即单独存储拥有最佳适应度的染色体。完成选择、交叉、变异操作后，用这些存储的染色体替代种群中适应度最差的染色体。

(6) 判断迭代是否终止。设置迭代终止条件为存在某一条染色体的误差值 $\text{Error} < \varepsilon$，这里 ε 设置为 0.0006。

训练集部分数据如表 6-16 所示。

表 6-16　训练集部分数据

序号	C_1	C_2	C_3	C_4	C_5	C_6	C_7	C_8
1	0.41	0.7	0.5	0.1	0.6	0.67	0.5	0.4210
2	0.41	0.68	0.7	0.1	0.5	0.58	0.5	0.5356
3	0.53	0.75	0.4	0.1	0.3	0.5	0.5	0.3899
4	0.65	0.73	0.33	0.1	0.58	0.48	0.5	0.4496
5	0.75	0.49	0.57	0.1	0.78	0.8	0.5	0.5579
6	0.46	0.55	0.67	0.3	0.75	0.64	0.5	0.5678
7	0.58	0.35	0.45	0.3	0.21	0.35	0.5	0.2374

续表

序号	C_1	C_2	C_3	C_4	C_5	C_6	C_7	C_8
8	0.62	0.78	0.79	0.3	0.89	0.79	0.5	0.8125
9	0.37	0.59	0.38	0.3	0.41	0.62	0.5	0.3795
10	0.29	0.57	0.56	0.3	0.67	0.49	0.5	0.5312
11	0.59	0.48	0.78	0.5	0.45	0.67	0.5	0.6549
12	0.67	0.72	0.32	0.5	0.59	0.63	0.5	0.5984

根据遗传算法获得最终模型的目标染色体，得到的权值矩阵如下：

$$W = \begin{bmatrix} \langle 1,0 \rangle & \langle 0,1 \rangle & \langle 0,1 \rangle & \langle 0,1 \rangle & \langle 0,1 \rangle & \langle 0,1 \rangle & \langle 0,1 \rangle & \langle 0.6127,0.2135 \rangle \\ \langle 0.3519,0.5287 \rangle & \langle 1,0 \rangle & \langle 0,1 \rangle & \langle 0,1 \rangle & \langle 0,1 \rangle & \langle 0,1 \rangle & \langle 0,1 \rangle & \langle 0.5569,0.3124 \rangle \\ \langle 0,1 \rangle & \langle 0,1 \rangle & \langle 1,0 \rangle & \langle 0,1 \rangle & \langle 0,1 \rangle & \langle 0,1 \rangle & \langle 0,1 \rangle & \langle 0,7436,0.1105 \rangle \\ \langle 0,1 \rangle & \langle 0.3786,0.5403 \rangle & \langle 0,1 \rangle & \langle 1,0 \rangle & \langle 0,1 \rangle & \langle 0,1 \rangle & \langle 0,1 \rangle & \langle 0.6824,0.2637 \rangle \\ \langle 0,1 \rangle & \langle 0,1 \rangle & \langle 0,1 \rangle & \langle 0,1 \rangle & \langle 1,0 \rangle & \langle 0,1 \rangle & \langle 0,1 \rangle & \langle 0.7423,0.1226 \rangle \\ \langle 0,1 \rangle & \langle 0,1 \rangle & \langle 0,1 \rangle & \langle 0,1 \rangle & \langle 0.6320,0.1150 \rangle & \langle 1,0 \rangle & \langle 0,1 \rangle & \langle 0.4861,0.3796 \rangle \\ \langle 0,1 \rangle & \langle 0,1 \rangle & \langle 0,1 \rangle & \langle 0,1 \rangle & \langle 0,1 \rangle & \langle 0,1 \rangle & \langle 1,0 \rangle & \langle 0.3428,0.5319 \rangle \\ \langle 0,1 \rangle & \langle 0,1 \rangle & \langle 0,1 \rangle & \langle 0,1 \rangle & \langle 0,1 \rangle & \langle 0,1 \rangle & \langle 0.4876,0.3824 \rangle & \langle 1,0 \rangle \end{bmatrix}$$

为了进行验证，将剩余的 30 组作为数据输入，预测它们的威胁程度，并与实际的威胁程度做出对比，如图 6-17 所示。

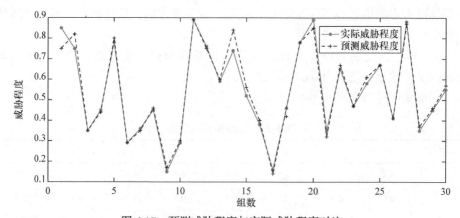

图 6-17　预测威胁程度与实际威胁程度对比

当允许误差小于 0.05 时，模型的威胁评估结果与实际值的贴合度是 86.6%。当允许误差小于 0.1 时，贴合度趋于 96.6%。因此，基于认知智能交互式的人机协同威胁评估模型具有较好的应用价值。

6.4　本 章 小 结

本章完成的主要工作有:

(1) 设计了有人机与无人机认知智能交互式协同决策任务想定;

(2) 将有人机操作员认知负荷引入基于动态直觉模糊认知图的协同态势评估模型, 体现外部环境的动态不确定特性和有人机操作员的认知特性;

(3) 将直觉模糊认知图与遗传算法结合, 建立了协同威胁评估模型, 体现了专家知识与历史数据双驱动的智能特征。

第 7 章　认知智能交互式人机协同任务分配
与航路规划模型

本章基于认知智能交互式协同决策机制，考虑操作员认知负荷与无人机智能情绪模式的影响，建立有人机与无人机协同任务分配和航路规划模型。

7.1　认知智能交互式人机协同任务分配模型

7.1.1　协同任务分配问题分析

有人机与无人机协同任务分配的目的是根据敌我双方战场态势，通过动态调度编队中无人机的能力资源，提高无人机的生存率和任务成功率，提升编队的整体任务效能[96-99]。无人机任务分配的处理流程如图 7-1 所示。

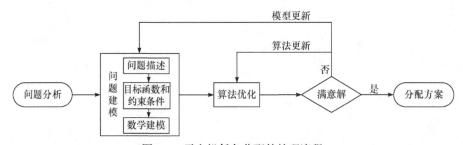

图 7-1　无人机任务分配的处理流程

1) 问题描述

任务分配中的问题描述即对无人机的任务分配进行数学描述，用来明确其中涉及的具体变量、假设条件和目标函数。除此之外，还可以对问题复杂程度进行简化操作。对多无人机多目标的任务分配问题进行描述：设战场有 n 架我方无人机 $V_i(V_i \in V,\ i=1,2,\cdots,n)$，有 t 个敌方目标 $T_i(T_i \in T,\ i=1,2,\cdots,t)$，集合 $S_i = \left\{T_i^1, T_i^2, \cdots, T_i^n\right\}$ 是分配给 V_i 的目标集合。

2) 目标函数和约束条件

目标函数一般是根据具体的作战要求而定义的，通常以战术指标等形式出现，如目标收益最大、我方无人机损伤最小、飞行航程最短以及消耗武器成本最小等。

约束条件基于问题描述。根据无人机的飞行性能以及作战性能等约束条件，对任务分配模型的参数设定相应的取值范围，从而获得符合目标函数的最优解。在处理实际问题时，针对问题描述的内容，仅仅考虑其中的主要因素作为约束条件，避免约束过多造成求解困难。

3) 数学建模

任务分配问题中，常见的有指派问题、旅行商问题和运输问题等。对于无人机任务分配，目前并不存在统一的数学模型，需要根据具体任务分配问题的不同特点和需求，建立与其相适应的数学模型。

7.1.2　认知智能交互式人机协同任务分配模型结构

目前，人机协同任务分配模型研究很少考虑编队中有人机操作员的认知负荷状态，以及无人机自身状态对于协同任务分配的影响。在基于认知智能交互的人机协同任务分配问题中，将以协同态势评估和威胁评估为基础，通过引入有人机操作员认知负荷状态和无人机智能情绪模式，建立面向收益与威胁自适应的协同任务分配模型结构，如图 7-2 所示。

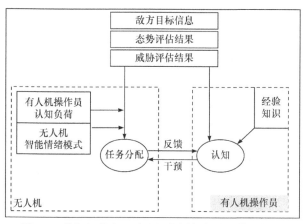

图 7-2　认知智能交互式人机协同任务分配模型结构

7.1.3　认知智能交互式人机协同任务分配模型

协同任务分配模型是采用合同网为基础的建模方法。合同网是通过模拟现实世界市场机制中的"招标-投标-中标"模式，多个智能体(Agent)进行通信与协商，完成任务的分配。Agent 代表合同网中的个体，具有相互通信与处理信息的能力，且具备一定的自主能力。这些 Agent 在追求个体最优的基础上，搜索全局最优或者全局次优。合同网由这些可以相互通信的 Agent 组成，根据市场拍卖机制，可将这些 Agent 分为以下三种。

(1) 招标 Agent。招标 Agent 是任务的拥有者，发布任务并分析比较各无人机的投标值，决定哪一个无人机中标；

(2) 投标 Agent。投标 Agent 具有足够的能力去完成招标 Agent 发布的任务；

(3) 中标 Agent。中标 Agent 会与招标 Agent 签订合同，获取招标 Agent 所发布任务的所有权。

合同网任务分配算法基本流程为：招标 Agent 发布任务信息；当其余 Agent 收到招标 Agent 发布的任务信息后，根据自身的能力，在有限的时间内向招标 Agent 发送投标信息；在指定的投标截止时间内，招标 Agent 对所有投标 Agent 的标书进行分析处理，挑选最合适的投标者，并向所有的投标者发送中标信息；当收到招标 Agent 返回的中标信息后，中标 Agent 与招标 Agent 签订合同，并且将任务添加到自身任务序列，做好执行任务的准备，并在一段时间内向招标 Agent 返回任务的完成情况，如图 7-3 所示。

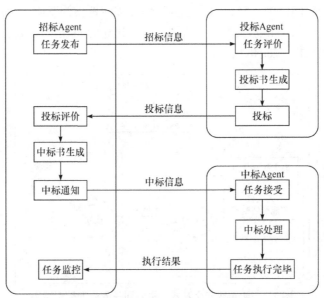

图 7-3　合同网任务分配算法流程图

假设：一架有人机与 N 架无人机 $(V_i, i = 1, 2, \cdots, N)$ 组成混合编队，共有 M 个目标 $(T_j, j = 1, 2, \cdots, M)$ 需要分配，目标分配矩阵为 $X_{N \times M}$，则 $X_{N \times M}$ 目标分配矩阵中的元素 x_{ij} 为

$$x_{ij} = \begin{cases} 1, & T_j \text{分配给} V_i \\ 0, & T_j \text{未分配给} V_i \end{cases} \tag{7-1}$$

协同任务分配效能函数为

$$U(X) = E(X) - C(X) + D(X) \tag{7-2}$$

式中，$U(X)$ 为有人机与无人机编队任务分配的效能函数；$E(X)$ 为有人机与无人机编队任务分配的收益函数；$C(X)$ 为有人机与无人机编队的代价函数；$D(X)$ 为收益调整函数，根据无人机的智能情绪模式动态调整。例如，在恐惧模式时，调高任务收益较小的无人机收益调整函数值，使其任务效能函数值更高，更易分配到该任务；在激进模式时，调高任务收益较高的无人机收益调整函数值，使其任务效能函数值更高，更易分配到该任务。

假设：编队最大收益为 $E_{\max}$，最小收益为 $E_{\min}$，最大收益与最小收益差为 E_{d}，D_{ij} 为 $D(X)$ 矩阵中第 i 行第 j 列的元素，D_{ij} 的取值如下。

(1) 恐惧模式：

$$D_{ij} = \begin{cases} \alpha \cdot E_{ij}, & E_{ij} \leqslant E_{\min} + 0.3 \cdot E_{\mathrm{d}} \\ 0, & \text{其他} \end{cases} \tag{7-3}$$

(2) 放松模式：

$$D_{ij} = \begin{cases} \alpha \cdot E_{ij}, & E_{\min} + 0.3 \cdot E_{\mathrm{d}} < E_{ij} \leqslant E_{\min} + 0.7 \cdot E_{\mathrm{d}} \\ 0, & \text{其他} \end{cases} \tag{7-4}$$

(3) 激进模式：

$$D_{ij} = \begin{cases} \alpha \cdot E_{ij}, & E_{\min} + 0.7 \cdot E_{\mathrm{d}} < E_{ij} \leqslant E_{\max} \\ 0, & \text{其他} \end{cases} \tag{7-5}$$

式中，α 为偏好系数，取值范围为[0.1, 0.5]。

1) 无人机任务收益模型

在认知智能交互模式下，无人机执行任务需要考虑当前有人机操作员的认知负荷状态，任务分配的收益模型可表示为

$$E_{\mathrm{u}} = Q_{\mathrm{m}} \cdot f(\lambda) \cdot S_{\mathrm{u}} \tag{7-6}$$

式中，E_{u} 为无人机的收益；Q_{m} 为有人机操作员的可靠因子；$f(\lambda)$ 为有人机操作员认知负荷影响因子；S_{u} 为无人机的攻击效率。

有人机操作员的可靠因子 Q_{m} 与执行任务时间息息相关，一般认为随着时间的增长呈指数降低，即

$$Q_{\mathrm{m}} = \mathrm{e}^{-\varepsilon(t-t_0)} \tag{7-7}$$

式中，ε 为故障率，表示操作员所犯的失误随着时间增长的平均速度；t_0 为任务起始时刻；t 为当前时刻。

有人机操作员认知负荷影响因子 $f(\lambda)$ 是通过分析有人机操作员的认知负荷，利用 sigmoid 函数，建立相应的影响因子模型：

$$f(\lambda) = \frac{1}{1 + e^{-h\lambda}} \tag{7-8}$$

式中，λ 为有人机操作员认知负荷模型的评估值；h 为 sigmoid 函数的坡度，能够控制有人机操作员认知负荷状态对无人机效能的影响程度。

无人机的攻击效率 S_u 表示无人机对于敌方目标打击的理想收益，即

$$S_u = V\_TARGET_j \cdot P_k \tag{7-9}$$

式中，V_TARGET_j 为敌方目标 j 的价值；P_k 为无人机目标的摧毁概率。

因此，考虑有人机操作员认知负荷状态的无人机任务收益模型为

$$E_u = \frac{V\_TARGET_j \cdot P_k \cdot e^{-\varepsilon(t-t_0)}}{1 + e^{-h\lambda}} \tag{7-10}$$

2) 无人机任务代价模型

无人机攻击敌方目标的代价主要考虑：①无人机被摧毁的代价；②敌方目标对我方的威胁程度。设目标威胁矩阵为 THREAT($threat_{ij}, i \in N, j \in M$)，则无人机任务代价模型如下：

$$C_u = k_1 \cdot V\_UAV_i \left(1 - \prod_{j=1}^{m} (1 - P_j) \right) + k_2 \cdot threat_{ij} \tag{7-11}$$

式中，C_u 为无人机执行任务的代价；k_1、k_2 为权值系数，且 $k_1 + k_2 = 1$；V_UAV_i 为无人机 i 的自身价值；P_j 为目标 j 摧毁无人机的概率；m 为目标个数；$threat_{ij}$ 为目标 j 对于无人机 i 的威胁程度。

综上，协同任务分配的效能函数为

$$U_u = E_u - C_u + D_{ij} \tag{7-12}$$

7.1.4　案例仿真分析

假设 1 架有人机与 4 架无人机对 6 个地面目标进行协同攻击任务分配，初始战场态势如图 7-4 所示，6 个地面目标信息如表 7-1 所示。

○目标　　△无人机　　▲有人机

图 7-4　初始战场态势示意图

表 7-1　地面目标信息

目标序号	C_1	C_2	C_3	C_4	C_5	C_6	C_7
1	0.5	0.4	0.6	0.1	0.47	0.6	0.5
2	0.5	0.5	0.52	0.1	0.5	0.7	0.5
3	0.7	0.6	0.4	0.3	0.5	0.72	0.5
4	0.7	0.6	0.4	0.3	0.4	0.69	0.5
5	0.8	0.85	0.75	0.5	0.76	0.6	0.5
6	0.8	0.7	0.85	0.5	0.75	0.76	0.5

根据第 6 章协同威胁评估模型计算目标威胁，设定目标价值，如表 7-2 所示。

表 7-2　目标价值

目标序号	目标价值	威胁程度
1	0.8	0.3486
2	0.3	0.3756
3	0.5	0.5125
4	0.6	0.5048
5	0.4	0.7839
6	0.8	0.8125

　　其中,目标 1 属于威胁程度低,价值高的目标;目标 2 属于威胁程度低,价值低的目标;目标 3 和目标 4 都属于威胁程度中等,价值中等的目标;目标 5 属于威胁程度高,价值低的目标;目标 6 属于威胁程度高,价值高的目标。

　　按照认知智能交互式协同任务分配模型进行仿真分析,可以得到考虑有人机操作认知负荷状态的无人机智能情绪模式类型,以及相应的协同任务分配结果,如表 7-3 所示。

表 7-3　不同智能情绪模式下协同任务分配结果

无人机智能情绪模式	无人机 1	无人机 2	无人机 3	无人机 4
恐惧	目标 1	目标 2	目标 4	目标 3
放松	目标 1	目标 3	目标 4	目标 2
激进	目标 1	目标 6	目标 4	目标 3

　　由仿真分析可知,目标 1 由于威胁低,价值高,会被优先分配;目标 5 威胁高,价值低,基本不会被分配。统计无人机在不同智能情绪模式下,目标分配结果的威胁程度总和以及价值总和,结果如图 7-5 所示。

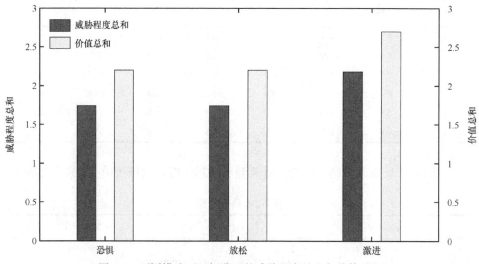

图 7-5　不同模式下目标分配的威胁程度总和与价值总和

　　通过分析可知,无人机处于恐惧与放松的智能情绪模式时,会偏向于威胁低,价值不高的目标;无人机处于激进的智能情绪模式时,会选择威胁高、价值高的目标。这验证了有人机操作员认知负荷与无人机智能情绪模式对任务分配的影响。

7.2　认知智能交互式人机协同航路规划模型

7.2.1　协同航路规划问题分析

对于认知智能交互式人机协同航路规划问题,目的是为无人机规避各类威胁,顺利抵达指定任务区域,寻找一条从起点到终点的合理飞行航路。同样,需要考虑有人机操作员的认知负荷以及无人机的智能情绪模式,这对于规划出适应认知智能交互模式特征的无人机飞行航路至关重要。

目前,国内外对于航路规划问题相关算法进行了大量研究,大致可以分为两类:以图论为基础的航路规划算法和以智能优化算法为基础的航路规划算法。图论类算法可以分为拓扑算法、栅格算法和人工势场算法。智能优化类算法包括群类智能优化算法和仿生智能优化算法,主要有 A*算法、遗传算法、蚁群优化算法、粒子群优化算法等[100-101]。

7.2.2　认知智能交互式人机协同航路规划模型结构

为了保证无人机飞行航路的安全性和任务执行的可靠性,在有人机操作员认知负荷较高时,无人机的飞行航路应该离威胁点相对远一些,保证无人机的飞行安全;在有人机操作员认知负荷较低时,飞行航路可以相对离威胁点近一点,保证任务的快速执行。因此,认知智能交互式协同航路规划模型需要结合有人机操作员认知负荷状态及战场威胁等信息,动态切换无人机的智能情绪模式,进而对航路规划过程施加影响,如图 7-6 所示。

在协同航路规划过程中,当无人机飞行航路上出现突发威胁时,如果有人机操作员认知负荷较低,可以通过手动设置航路点进行航路规划;认知负荷较高时,无人机可以基于当前智能情绪模式,选择合适的决策偏好,自主规划飞行航路。

7.2.3　认知智能交互的协同航路规划模型

A*算法作为一种启发式搜索算法,具有简单、易于实现等优点,主要思想是根据设计的启发函数,从初始点不断计算下一个邻近节点的代价值,通过比较计算邻近节点的代价值,选取代价最小的节点作为下一个需要扩展的节点,继续搜索比较,直到抵达目标点。整个搜索过程将获得一个节点集合,将这些节点按照顺序连接起来就是所求的优化路线。下面介绍基于 A*算法的航路规划模型。

(1) 建立两个数据表:open 表与 close 表。open 表存储已经计算过代价但还没有进行扩展的点,close 表存储已经扩展的节点。

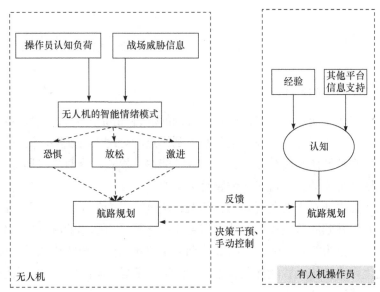

图 7-6　认知智能交互式人机协同航路规划模型结构

航路节点 Node 存储信息包含多种，如下所示：

$$\text{Node} = \left\{(x_p, y_p), (x_i, y_i), g(i), h(i), f(i)\right\} \tag{7-13}$$

式中，(x_p, y_p) 为无人机航路第 i 个节点的父节点坐标；(x_i, y_i) 为第 i 个航路点坐标；$g(i)$ 为从航路点 i 到起点的航路代价值；$h(i)$ 为无人机从航路点 i 到目标点的代价估计值；$f(i)$ 为航路点 i 的最小航路代价值。

相应的计算公式为

$$f(i) = g(i) + h(i) \tag{7-14}$$

$$g(i) = \sum_{j=1}^{i} (k_1 l_j + k_2 w_j) \tag{7-15}$$

式中，k_1、k_2 为权值系数，k_1 一般取 1，k_2 影响威胁代价，取值越大，路径距离威胁点越远；l_j 为第 j 个节点与其父节点之间的距离；w_j 为第 j 个节点所受的威胁代价。计算公式为

$$w_j = \sum_{k=1}^{M} \frac{\delta}{d_{jk}^2} \tag{7-16}$$

式中，M 为敌方障碍或威胁的数量；δ 为威胁系数，表示威胁程度；d_{jk} 为第 j 个航路点到敌方障碍或威胁点 k 中心的距离。

$$h(i) = \sqrt{(x_n - x_i)^2 + (y_n - y_i)^2} \tag{7-17}$$

式中，(x_n, y_n) 为目标点的位置；(x_i, y_i) 为第 i 个航路点的位置。

(2) 在 close 表中加入起点，并设置其为当前节点。

(3) 搜索当前节点的邻近节点，计算邻近节点的航路代价值 $f(i)$ 并将其加入 open 表。进行迭代时，从 open 表中寻找代价值最小的节点，将其加入 close 表，并在 open 表中删除该节点。

(4) 如果选中节点为目标点，则终止航路规划。递归搜索该节点的父节点直至起点，得到航路节点，如下所示：

$$\text{path} = \{(x_0, y_0), (x_1, y_1), \cdots, (x_n, y_n)\} \tag{7-18}$$

(5) 若选中的节点不是目标点，则视其为当前节点，继续步骤(3)，直到找到目标点为止。A*算法航路规划流程图如图 7-7 所示。

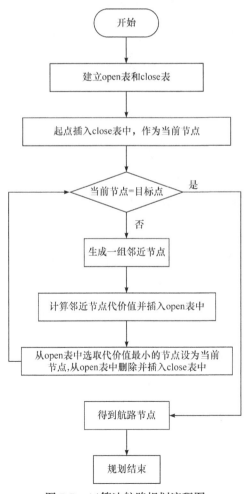

图 7-7   A*算法航路规划流程图

基于认知智能交互式人机协同航路规划模型结构，对 A*算法进行改进。无人机在航路规划时，根据当前智能情绪模式调节威胁规避半径 D。规避半径 D 定义为与威胁点中心的最小距离，如图 7-8 所示。

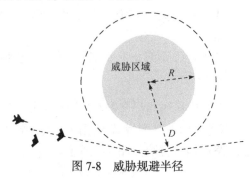

图 7-8　威胁规避半径

规避半径 D 的计算公式如下：

$$D = R \cdot e^{(1-1/R) \cdot (1-C_{\mathrm{w}})} \tag{7-19}$$

式中，R 为威胁半径；C_{w} 为无人机智能情绪模式，包括恐惧、放松、激进三种模式，由参数 α 和 β 确定，如下所示：

$$\begin{cases} 恐惧, & C_{\mathrm{w}} < \alpha \\ 放松, & \alpha \leqslant C_{\mathrm{w}} \leqslant \beta \\ 激进, & C_{\mathrm{w}} > \beta \end{cases} \tag{7-20}$$

式中，α 和 β 的取值范围为 $0 < \alpha < \beta < 1$。

在不同智能情绪模式下，无人机切换到其他模式时，规避半径 D 的计算公式如下：

$$\begin{cases} 恐惧, & 当前情绪 \\ D = R \cdot e^{(1-1/R) \cdot \left[1 - \frac{C_{\mathrm{w}}}{\alpha}(\beta-\alpha)-\alpha\right]}, & 放松 \\ D = R \cdot e^{(1-1/R) \cdot \left[1 - \frac{C_{\mathrm{w}}}{\alpha}(1-\beta)-\beta\right]}, & 激进 \end{cases} \tag{7-21}$$

$$\begin{cases} 放松, & 当前情绪 \\ D = R \cdot e^{(1-1/R) \cdot \left(1 - \frac{C_{\mathrm{w}}-\alpha}{\beta-\alpha}\alpha\right)}, & 恐惧 \\ D = R \cdot e^{(1-1/R) \cdot \left[1 - \frac{C_{\mathrm{w}}-\alpha}{\beta-\alpha}(1-\beta)-\beta\right]}, & 激进 \end{cases} \tag{7-22}$$

$$\begin{cases} 激进, & 当前情绪 \\ D = R \cdot e^{(1-1/R) \cdot \left(1 - \frac{C_{\mathrm{w}}-\beta}{1-\beta}\alpha\right)}, & 恐惧 \\ D = R \cdot e^{(1-1/R) \cdot \left[1 - \frac{C_{\mathrm{w}}-\beta}{1-\beta}(\beta-\alpha)-\alpha\right]}, & 放松 \end{cases} \tag{7-23}$$

7.2.4　案例仿真验证

认知智能交互式协同航路规划人机交互界面如图 7-9 所示。左边为战场态势图，主要展示有人机与无人机、目标和威胁源的相对位置，以及显示无人机航路规划的飞行路线。黑线代表无人机智能情绪模式处于激进模式下的规划航路；白粗线代表无人机智能情绪模式处于放松模式下的规划航路，白细线代表无人机智能情绪模式处于恐惧模式下的规划航路。有人机可以通过点击"威胁信息"来设置或者修改威胁点信息。无人机可以根据当前所处的智能情绪模式自主规划合适的飞行航路。如果有人机操作员对无人机规划的航路不满意，可以通过"选定航路"来直接指定无人机按照特定的航路飞行。当无人机面对突发威胁，重新规划的航路偏离预先规划的航路太多时，有人机操作员可以通过设定引导点，协助无人机尽可能按照预先规划航路进行路线优化。人机交互界面的右边部分显示当前有人机操作员认知负荷和无人机智能情绪模式。有人机操作员认知负荷是以折线图的形式显示。

图 7-9　认知智能交互式协同航路规划人机交互界面

下面对协同航路规划人机交互界面中的一些重要内容进行详细说明。

(1) 威胁信息。考虑到传感器或者气候原因，获取的威胁信息可能不够准确。为了能够保障无人机的飞行安全与作战任务的顺利执行，有人机操作员可以根据实际情况，通过有人机掌握的相关信息及其自身认知判断，对无人机的威胁信息进行添加、修改，如图 7-10 所示。

有人机操作员通过点击"添加"按钮，可以增加无人机的威胁信息，无人机当前获得的已知威胁信息可以在图 7-10 左下角的文本框中出现。若威胁被摧毁，但因通信中断或延迟没有更新时，可通过"删除"按钮删除相应威胁信息。点击"更新航路"按钮，则可以主动发送指令，要求无人机重新规划航路。

有人机操作员可以从无人机自主规划的三条航路中选择一条作为预规划的无人机航路路线，其他两条自动删除，也可通过"选定航路"指示无人机按照有人机操作员规划的航路进行飞行。

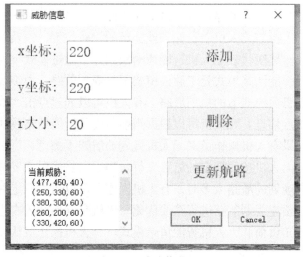

图 7-10　威胁信息界面

(2) 有人机操作员认知负荷与智能情绪模式。有人机操作员认知负荷数据通过图 7-9 中的有人机操作员认知负荷窗口显示,认知负荷等级由折线图右边的直方图显示,并周期更新。操作员认知负荷过高,直方图颜色发生变化,提醒操作员。无人机的智能情绪模式采用数值形式显示。

1. 已知威胁下的协同航路规划仿真验证

为了便于分析无人机不同智能情绪模式下的航路规划效果,设定一组战场威胁信息,忽略其他因素对于航路规划的影响,进行仿真验证。仿真设定的态势图为 800×600 的矩形区域,初始威胁信息如表 7-4 所示。

表 7-4　初始威胁信息

项目	威胁点					
	1	2	3	4	5	6
中心坐标	(477,450)	(250,330)	(380,300)	(360,200)	(330,420)	(480,340)
威胁半径	40	60	60	60	60	40

三种智能情绪模式下无人机航路规划结果如图 7-11 所示。其中,黑色虚线代表激进模式航路,白色粗虚线代表放松模式航路,白色细虚线代表恐惧模式航路。可以看出,无人机智能情绪模式处于激进模式下,规划的航路距离目标最短,整体飞行航路距离威胁较近,符合激进模式下的设定;恐惧模式下,无人机规划的

航路直接从下方绕开所有威胁，最大限度地保证了无人机的安全，符合无人机恐惧模式下的设定；放松模式下，无人机规划的航路与威胁的距离介于激进模式和恐惧模式之间。三种模式下的航路规划信息如表 7-5 所示。

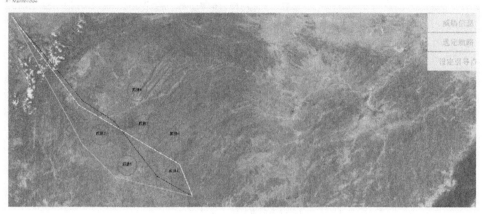

图 7-11　航路规划结果

表 7-5　三种模式下的航路规划信息

模式	航路点信息	总航程	威胁代价
激进	(10,10),(227,262),(321,321),(394,411),(453,484),(560,542)	774.99	0.349
放松	(10,10),(196,225),(213,273),(426,394),(520,447),(560,542)	791.17	0.227
恐惧	(10,10),(156,271),(223,387),(321,483),(560,542)	816.38	0.165

航路点是经过航路平滑处理后选取的关键节点。由表 7-5 可知，激进模式下，无人机总航程最短，威胁代价最大；恐惧模式下，总航程最长，威胁代价最小；放松模式处于二者之间。

2. 突发威胁下的协同航路规划仿真验证

无人机按照预规划航路飞行，若发现突发威胁，可以基于当前智能情绪模式自主规划出规避的路线。如果有人机操作员不满意无人机规划的路线，可以通过人机交互界面设定引导点。

如图 7-12 所示，仿真中出现突发威胁时，人机交互界面弹出威胁信息窗口，持续一分钟后，自动退出。有人机操作员可以选择"否"，忽视该信息，由无人机自主规划航路，也可以选择"是"，通过设置引导点协助无人机规避突发威胁。如图 7-13 白色虚线所示，无人机规划的航路从威胁点下方绕过，因为突发威胁上方存在威胁，从上方规避威胁代价较大。若有人机对于无人机自主规划的航路不满意，可以设置引导点(白色的圆点)。

图 7-12　出现突发威胁时的人机交互
界面

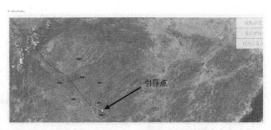

图 7-13　突发威胁航路规划

通过上述仿真案例分析可知，认知智能交互式协同航路规划模型能够充分考虑有人机操作员认知负荷，利用无人机智能航路规划算法以及有人机操作员认知判断，协同完成复杂的战场环境的航路规划任务。

7.3　本章小结

本章完成的主要工作有：

(1) 在合同网任务分配模型的基础上，引入有人机操作员认知负荷和无人机智能情绪模式，提高了认知智能交方式下协同任务模型的动态自适应能力。

(2) 将无人机智能情绪模式引入协同航路规划模型，提高了在复杂任务环境下，无人机主动适应有人机操作员认知负荷和自主规划合理航路的能力。

第 8 章　认知智能交互式有人机与无人机协同决策仿真系统

本章介绍基于认知智能交互式的有人机与无人机协同决策仿真系统的组成结构，以及各个子系统的软硬件实现方法，并验证仿真系统的可靠性和可用性。

8.1　认知智能交互式人机协同决策仿真系统组成结构

人机协同决策的仿真可以分为数字仿真与虚拟视景仿真两部分。数字仿真根据协同决策的各个模型方法，设计软件流程、编写软件代码、完成程序测试及模型方法的验证。虚拟视景仿真是基于计算机图形学而建立的沉浸式的交互环境，提供给有人机操作员可视化的信息，将有人机操作员的视觉、听觉和触觉等结合起来，建立虚拟的仿真实验环境。传统的数字仿真只能提供单一的数据形式或者简单图形方式的仿真实验数据，主要用于静态仿真及线下统计分析验证。通过人在回路的数字仿真与虚拟视景仿真相结合的方法，结合有人机与无人机协同作战场景设计和全任务要素的集成，能够较好地评估仿真实验中有人机操作员的认知状态、模拟无人机智能决策和人机交互行为，为研究有人机与无人机认知智能交互式协同决策模型方法的实验仿真与验证分析提供有力的支撑。

认知智能交互式人机协同决策仿真系统组成结构如图 8-1 所示，主要包括：有人机半物理仿真系统、无人机数字仿真系统、操作员与认知负荷系统、协同决策系统、战场环境三维视景仿真系统和人机交互系统，实验设备如表 8-1 所示。

表 8-1　实验设备

序号	设备名称	数量
1	50 英寸显示器	6
2	触摸显示器	3
3	联想工作站	4
4	座舱控制系统	1
5	Dikablis 眼动仪	1

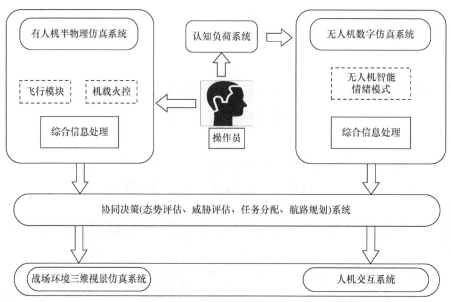

图 8-1　认知智能交互式人机协同决策仿真系统组成结构

　　有人机半物理仿真系统包含一套飞机座舱系统,左手为油门杆,右手为操纵杆,座椅前方为大尺寸多功能触屏显示器。通过 6 个 50 英寸显示器提供逼真的战场环境三维视景仿真,给予被试者充足的沉浸感。同时为认知负荷评估系统配备眼动仪、生理仪等相关仿真实验设备,如图 8-2 所示。部分设备性能信息如表 8-2 所示。

(a) 飞机座舱系统

(b) 眼动仪

图 8-2　相关仿真实验设备

表 8-2　部分设备性能信息

设备类型	性能信息
显示器	分辨率:1280×1024;平均亮度:120cd/m²
眼动仪	采样率:60Hz;瞳孔追踪精度:0.05°;视线追踪精度:0.1°～0.3°;场景摄像头分辨率:1920×1080 全高清;场景摄像头范围:40°～90°

8.2　有人机与无人机协同飞行控制仿真系统

飞行控制仿真系统是有人机与无人机协同飞行的总控系统。在飞行控制仿真系统中，通过设定有人机与无人机的初始位置、携带武器类型和数目、敌方目标信息、威胁信息等完成有人机与无人机协同作战的初始设定。启动飞行控制系统，有人机操作员通过操纵杆操纵有人机飞行，与无人机协同完成作战任务，飞行控制仿真系统将仿真数据信息发送到其他子系统，以供处理、使用和显示等。有人机与无人机飞行控制仿真系统信息交互结构如图 8-3 所示。

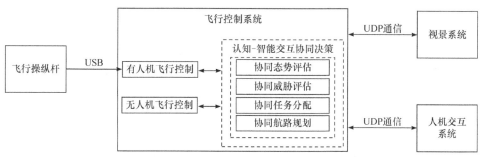

图 8-3　飞行控制仿真系统信息交互结构

8.2.1　飞行控制仿真系统软件界面

采用 Visual C++ 6.0 的 MFC 开发飞行控制仿真系统软件界面。仿真前，需要在有人机初始设置界面中设定有人机的起始状态，一般设定为"起飞"状态。若选择"空中"状态，则在界面下方设置有人机在空中的初始高度和马赫数。根据仿真需求，选择需要发送数据的系统。一般选择全部选取，即向视景系统、综合态势系统等发送仿真数据信息，如图 8-4 所示。无人机仿真软件设置界面包括敌我双方的初始位置、监督控制模式、威胁信息等模块，如图 8-5 所示。

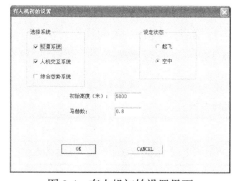

图 8-4　有人机初始设置界面

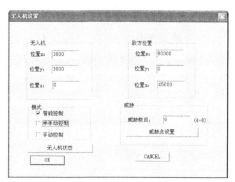

图 8-5　无人机初始设置界面

仿真系统其他相对固定的参数通常写在仿真软件代码和数据中,在完成初始设置后,飞行控制仿真系统软件界面(图 8-6)左边显示我方作战信息,包括无人机的数目、速度、航向以及初始位置,我方有无预警机支援的信息;右方显示敌方作战信息,包括敌方目标数目、速度等。点击"仿真运行",飞行控制仿真系统启动运行。

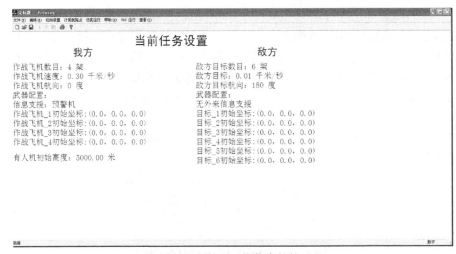

图 8-6　飞行控制系统仿真软件界面

8.2.2 飞行操纵杆数据采集与处理

有人机飞行控制仿真系统需要通过 USB 读取操纵杆的数据信息。USB 操纵杆的开发工作包括:①确定操纵杆按键信号数据协议;②信号数据的采集;③对采集数据进行信息处理。

仿真系统采用商用 Saitek X52 飞行操纵杆,包含 32 个按键、3 个转轴以及 3 个旋转按钮。左手操纵杆为油门控制杆,右手操纵杆为姿态摇杆及其按键。

1. USB 操纵杆的协议

协议是系统中的硬件设备与对应程序进行信息交换的一系列规定,类似于设备的操纵规范。USB 操纵杆按键协议如表 8-3 所示,各按键触发后,相应的 32 位按键序号对应的按键取值将发生变化。

表 8-3　USB 操纵杆按键协议

按键序号	1	2	3	…	31	32
按键取值	0X1	0X2	0X4	…	0X40000000	0X80000000

在 USB 的转轴中，转轴的采样数据为 0～65535，即当转轴拉到最大时，采样数据为 65535，最小时，采样数据为 0。仿真系统根据这些信息处理对应数据。USB 操纵杆转轴协议如表 8-4 所示。

表 8-4　USB 操纵杆转轴协议

转轴序号	X 轴	Y 轴	Z 轴
转轴取值	0～65535	0～65535	0～65535

2. 信息数据的采集

调用 Windows 系统自带的 WIN API 就可以完成对 USB 操纵杆数据的采集。在 Windows 系统中专门提供了一个系统服务来监测 USB 操纵杆的状态，可通过对应函数直接读取 USB 操纵杆的转轴转动信息和按键信息。USB 操纵杆的相应函数分装在 Winmm.dll 中，对应的头文件是 Mmsystem.h。对应的 USB 操纵杆的信息封装在结构体 JOYINFOEX 中。

```
typedef struct joyinfoex_tag{
DWORD dwSize;
DWORD dwFlags;
DWORD dwXpos;
DWORD dwYpos;
DWORD dwZpos;
DWORD dwRpos;
DWORD dwUpos;
DWORD dwVpos;
DWORD dwButtons;
DWORD dwButtonNumber;
DWORD dwPOV;
DWORD deReserved1;
DWORD deReserved2;
}JOYINFOEX
```

JOYINFOEX 中关键变量信息：

(1) dwSize 表示结构体的字节数；

(2) dwXpos 表示 X 轴的转动信息，dwYpos 表示 Y 轴的转动信息，dwZpos 表示 Z 轴的转动信息；

(3) dwButtons 表示操纵杆的按键信息。

通过 JOYINFOEX 结构体定义变量，利用采集的对应数据信息，完成对操纵杆的信息采集和处理。

8.2.3　仿真系统的 UDP 通信

飞行控制仿真系统与其他子系统的通信采用 UDP 协议完成。UDP 协议在通信之前不需要建立连接，速度快，消耗资源少，但存在丢包的可能。对于视景系统要求的可视化效果，主要关注实时性和数据刷新率，数据传输精确度的影响不大，数据丢包情况可以忽略。

在 UDP 协议中，采用 Socket 套接字编写通信程序，Socket 套接字负责将数据传送到驱动程序中，并发送到网络。其他仿真子系统从 Socket 套接字绑定的对应 IP 地址中接收信息，网络通信流程如图 8-7 所示。

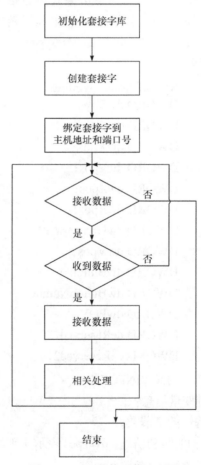

图 8-7　UDP 网络通信流程图

8.3　视景仿真系统

战场环境三维视景仿真系统采用 Vega Prime(VP)开发。VP 是一款高效的虚拟现实开发软件工具，利用 LP(Lynx Prime)界面应用开发，编程人员可通过 LP 对所需的功能进行相关配置，也可调用对应的应用程序接口(application programming interface, API)来实现[102]。Vega Prime 系统结构如图 8-8 所示。由于 Vega Prime 强大的适用性和扩展性，极大地减少了仿真系统开发人员在三维视景开发问题上花费的时间和精力，主要优点如下：

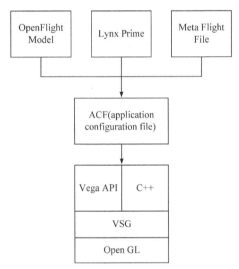

图 8-8　Vega Prime 系统结构

(1) 拥有图形界面应用开发工具 LP，不需要进行大量编程，仅通过 LP 就可以轻松建立虚拟场景。

(2) 拥有众多模块，如海洋、运动、特效、碰撞等模块。可根据需求配置、开发满足自我需求的视景系统。

(3) 具有跨平台性，支持 Windows、Linux 系统，一次开发，可多次移植。兼容性好，可使用模板函数对相应程序进行设计。

(4) LP 有光照和大气模型及其特殊的纹理技术。

基于 Vega Prime 的战场环境三维视景仿真系统开发流程如图 8-9 所示，主要包括设计视景中的物体模型和定义 ACF 配置文件等工作。

图 8-10 为基于 Vega Prime 的视景仿真程序运行流程，具体步骤如下：

(1) 初始化程序。主要对 Vega Prime 中的静态变量、渲染库、模块接口等进行初始化。

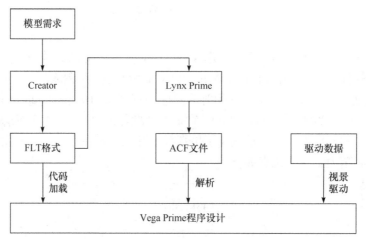

图 8-9　基于 Vega Prime 的战场环境三维视景仿真系统开发流程

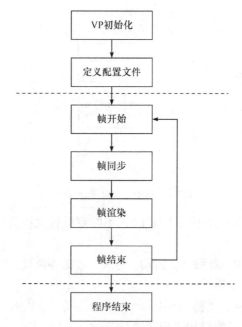

图 8-10　基于 Vega Prime 的视景仿真程序运行流程

(2) 定义相关变量。主要是对 ACF 文件进行解析，定义其中的实体类。

(3) 线程配置。完成 Vega Prime 中的线程配置，将涉及的类联系起来。

(4) 仿真循环。进行帧循环，完成对视景界面的刷新。

(5) 程序结束。程序的最后需要完成 Vega Prime 的退出，关闭线程，释放内存。

视景仿真系统界面如图 8-11 所示。有人机从航母甲板跑道起飞，界面中央为飞机平显模拟画面。平显界面由白色线条、数字和符号组成，主要显示与飞机飞行和任务有关的信息。

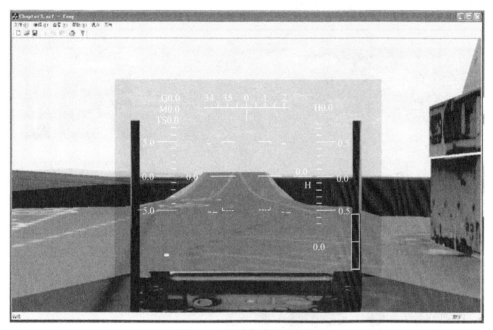

图 8-11　视景仿真系统界面

8.4　人机交互系统

人机交互系统为有人机与无人机的协同决策提供信息交互和控制的渠道，人机交互系统主要包括两个子系统：综合态势子系统和仪器仪表子系统。

8.4.1　综合态势子系统

综合态势子系统采用跨平台 C++图形用户界面应用程序开发框架(Qt)进行软件开发。由于 Qt 编写界面控件容易使用且种类丰富，非常适合需要直观效果显示的仿真系统开发。

图 8-12 为综合态势子系统仿真界面。图中左上方为我方战场态势显示界面，在左上角显示我方有人机和我方无人机初始位置。圆圈代表各个已知威胁所在的位置。下方分别显示协同态势评估、协同威胁评估和协同任务分配仿真结果界面。协同态势评估仿真由五种柱状图显示，从左到右代表不同的态势：左一代表特别劣势，左二代表劣势，中间代表均势，右二代表我方优势，右一代表我方特别优

势。这种可视化的态势评估结果显示可以帮助有人机操作员更加清楚地了解当前敌我态势。协同威胁评估和协同任务分配的结果则以文本形式给出，方便有人机操作员关注和操作。人机交互关键信息在界面的右下方显示，主要包括突发威胁信息和有人机决策干预的信息等。

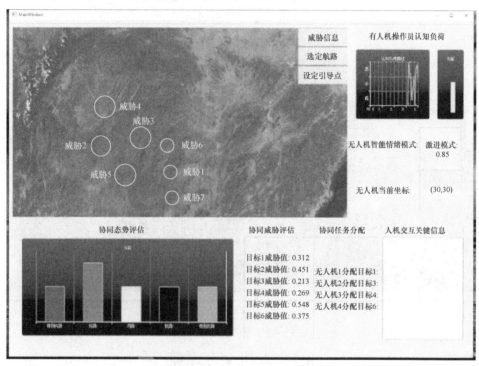

图 8-12　综合态势子系统仿真界面

界面右上方显示的是有人机操作员认知负荷和无人机智能情绪模式。点击界面上的"有人机操作员认知负荷"按钮，可以显示有人机操作员眼动监测数据，如图 8-13 所示。生理(眼动)数据可以通过生理监测仪器设备(眼动仪)采用 TCP 协

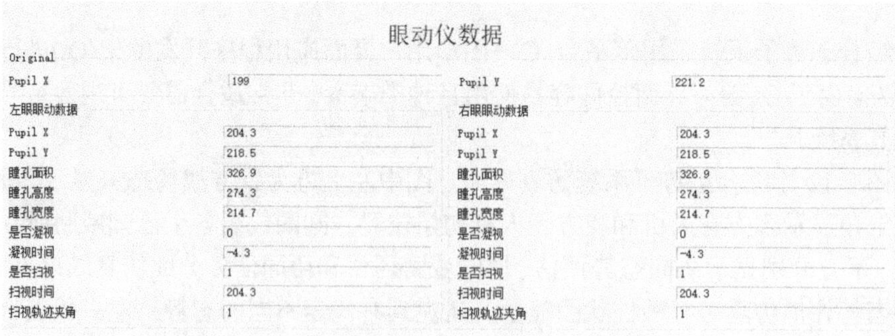

图 8-13　有人机操作员的眼动监测数据

议发送到综合态势子系统上，主要是考虑到 TCP 传输控制协议能够保证采集数据传输的完整性和实时性。

8.4.2　仪器仪表子系统

利用 Qt 开发仪器仪表子系统。主要步骤是设计对应仪表框架，加载仪表照片，使得仪表更加符合现实中的仪表。通过设计对应的驱动程序，使得仪表仪器子系统接收数据后能够正常显示。仪器仪表子系统中有速度表、姿态表、高度表、航向表等，如图 8-14 所示。

图 8-14　仪器仪表子系统

8.5　仿真实验验证与分析

仿真实验流程：有人机操作员首先需要佩戴眼动仪，由专业人员进行眼动仪的设置，并记录相关数据。有人机操作员驾驶一架有人机带领四架无人机飞往任务区域执行任务。任务过程中，操作员需要监视各个子系统的显示界面，通过对战场态势的感知与人机交互活动，完成认知智能交互模式下的有人机与无人机协同决策。实验完成后，使用主观测量表来测量操作员的负荷。目前，主观工作负荷评估技术(subject workload assessment technique，SWAT)量表和 NASA-TLX 评测表较为常用，方法成熟且可靠性强。

1) SWAT 量表

SWAT 量表由三个维度组成：时间负荷(time load，T)、心理压力负荷(psychological stress load，S)、努力负荷(effort load，E)，每个维度上有 3 个等级。被试人员根据当前实验的情况对这三种维度进行排序，并选择对应负荷程度下的等级。最后，根据被试人员的排序和对负荷等级的确定，在设定的组别中寻找对应的序列，即可得到当前被试人员的评价值，得分值越大，负荷越重。SWAT 量表的分组及其评分标准如表 8-5 所示，SWAT 量表问卷如图 8-15 所示。

表 8-5　SWAT 量表的分组及其评分标准

得分值	组别					
	TES	TSE	ETS	EST	STE	SET
1	1 1 1	1 1 1	1 1 1	1 1 1	1 1 1	1 1 1
2	1 1 2	1 2 1	1 1 2	2 1 1	1 2 1	2 1 1
3	1 1 3	1 3 1	1 1 3	3 1 1	1 3 1	3 1 1
4	1 2 1	1 1 2	2 1 1	1 1 2	2 1 1	1 2 1
5	1 2 2	1 2 2	2 1 2	2 1 2	2 2 1	2 2 1
6	1 2 3	1 3 2	2 1 3	3 1 2	2 3 1	3 2 1
7	1 3 1	1 1 3	3 1 1	1 1 3	3 1 1	1 3 1
8	1 3 2	1 2 3	3 1 2	2 1 3	3 2 1	2 3 1
9	1 3 3	1 3 3	3 1 3	3 1 3	3 3 1	3 3 1
10	2 1 1	2 1 1	1 2 1	1 2 1	1 1 2	1 1 2
11	2 1 2	2 2 1	1 2 2	2 2 1	1 2 2	2 1 2
12	2 1 3	2 3 1	1 2 3	3 2 1	1 3 2	3 1 2
13	2 2 1	2 1 2	2 2 1	1 2 2	2 1 2	1 2 2
14	2 2 2	2 2 2	2 2 2	2 2 2	2 2 2	2 2 2
15	2 2 3	2 3 2	2 2 3	3 2 2	2 3 2	3 2 2
16	2 3 1	2 1 3	3 2 1	1 2 3	3 1 2	1 3 2
17	2 3 2	2 2 3	3 2 2	2 2 3	3 2 2	2 3 2
18	2 3 3	2 3 3	3 2 3	3 2 3	3 3 2	3 3 2
19	3 1 1	3 1 1	1 3 1	1 3 1	1 1 3	1 1 3
20	3 1 2	3 2 1	1 3 2	2 3 1	1 2 3	2 1 3
21	3 1 3	3 3 1	1 3 3	3 3 1	1 3 3	3 1 3
22	3 2 1	3 1 2	2 3 1	1 3 2	2 1 3	1 2 3
23	3 2 2	3 2 2	2 3 2	2 3 2	2 2 3	2 2 3
24	3 2 3	3 3 2	2 3 3	3 3 2	2 3 3	3 2 3

续表

得分值	组别					
	TES	TSE	ETS	EST	STE	SET
25	3 3 1	3 1 3	3 3 1	1 3 3	3 1 3	1 3 3
26	3 3 2	3 2 3	3 3 2	2 3 3	3 2 3	2 3 3
27	3 3 3	3 3 3	3 3 3	3 3 3	3 3 3	3 3 3

SWAT量表问卷

Name:_____　　　　Grop:_____

在以下每个维度选项中选出最合适当前情况的等级

Ⅰ. 时间负荷(T)

1. 经常有空余时间。活动之间的中断或重叠很少发生或根本不发生。

2. 偶尔有空余时间。活动之间经常发生中断或重叠。

3. 几乎没有空余时间。活动之间的中断或重叠非常频繁。

Ⅱ. 努力负荷(E)

1. 很少有意识的精神努力或几种注意力。活动几乎是自动的,几乎不需要注意。

2. 需要适度的自觉心理努力或集中注意力。由于不确定性、不可预测性或不熟悉,活动的复杂性适度高。需要相当多的关注。

3. 需要广泛的精神努力和注意力。非常复杂的活动需要全神贯注。

Ⅲ. 心理压力负荷(S)

1. 存在很少的混乱、风险、沮丧或焦虑,并且可以很容易地适应。

2. 混乱、沮丧或焦虑导致的适度压力显著增加了工作量,需要大量补偿才能保证足够的性能。

3. 由于混乱、沮丧或焦虑而感到非常强烈的压力。需要非常强的决心和自我控制。

最后,对这三个维度的重要性进行排序: ①_____②_____③_____

图 8-15　SWAT 量表问卷

2) NASA-TLX 评测表

如图 8-16 所示的 NASA-TLX 评测表,由以下 6 个因素构成:①脑力需求;②身体负担;③时间需求;④工作绩效;⑤努力程度;⑥挫败感。

打分可在任务中间,单个任务后或者整个任务完成后进行。每个尺度被划分成 20 个相等区间,非常低取值为 0,非常高取值为 100,每个小区间增量为 5。实验采用 6 位相关专业的硕士研究生作为被试人员(有人机操作员),根据上述两表对其在普通交互方式和基于认知智能交互方式下的人机协同决策后的状态进行评估，结果如表 8-6 所示。

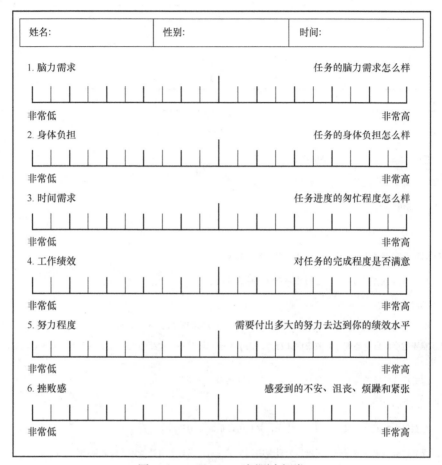

图 8-16　NASA-TLX 评测表问卷

表 8-6　有人机操作员评测对比表

被试人员序号	时间	认知智能交互系统得分	普通交互系统得分
1	早上	505	473
	中午	528	482
	晚上	486	458
2	早上	558	543
	中午	569	530
	晚上	538	507

续表

被试人员序号	时间	认知智能交互系统得分	普通交互系统得分
3	早上	542	490
	中午	537	520
	晚上	490	478
4	早上	478	464
	中午	530	513
	晚上	486	459
5	早上	524	473
	中午	492	497
	晚上	479	466
6	早上	528	510
	中午	490	484
	晚上	526	515

　　分析表 8-6 中的数据，绘制被试人员工作负荷评分图，如图 8-17 所示。可以看出，在认知智能交互模式下被试人员绩效得分普遍高于普通交互模式，有人机操作员的工作负荷普遍低于普通模式下的工作负荷，有助于提高有人机与无人机协同决策的任务效能。

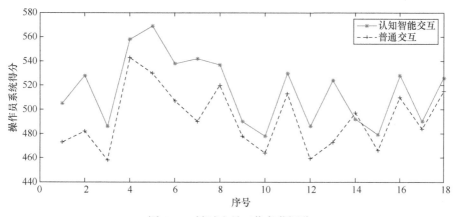

图 8-17　被试人员工作负荷评分

8.6　本 章 小 结

本章完成的主要工作有：

(1) 设计了认知智能交互式有人机与无人机协同决策仿真系统构建方案；

(2) 介绍了飞行控制系统、视景系统、人机交互系统软件、硬件实现方法；

(3) 采用NASA-TLX评测表和主观负荷工作评估技术量表开展了人在回路的有人机与无人机协同决策任务仿真实验与数据分析等。

参 考 文 献

[1] 黄吉传, 周德云, 曾丽娜. 国外有人机/无人机协同作战研究现状及其启示[C]. 第四届中国航空兵器大会, 洛阳, 2015.

[2] United States Department of Defense. Unmanned Systems Integrated Roadmap FY 2007-2032[R]. Washington D C, 2007.

[3] 朱华勇, 张庆杰, 沈林成. 提高无人作战飞机协同作战能力的关键技术[J]. 控制工程, 2010, 17(S1): 52-55.

[4] 邱勋杰, 陈军, 张新伟. 基于规则模糊认知图的无人机任务监督控制方法[C]. 第四届中国航空兵器大会, 洛阳, 2015.

[5] 赵春玲, 朱荣刚, 陈哨东. 有人/无人作战飞机联合攻击系统初步研究[C]. 中国航空学会中俄第二次无人机学术会, 北京, 2005.

[6] 陈宗基, 魏金钟, 王英勋, 等. 无人机自主控制等级及其系统结构研究[J]. 航空学报, 2011, 32(6): 1075-1083.

[7] Redding J, Boskovic J D, Mehra R K. Heterogeneous cooperative control of multiple UAVs with collaborative assignment and reactive motion planning[C]. AIAA Guidance, Navigation and Control Conference, Honolulu, 2008.

[8] 牛轶峰, 沈林成, 李杰, 等. 无人-有人机协同控制关键问题[J]. 中国科学: 信息科学, 2019, 49(5): 538-554.

[9] 张旭东, 孙智伟, 吴利荣, 等. 未来有人机/无人机智能协同作战顶层概念思考[J]. 无人系统技术, 2021, 4(2): 62-68.

[10] 顾海燕, 徐弛. 有人/无人机组队协同作战技术[J]. 指挥信息系统与技术, 2017, 8(6): 33-41.

[11] 刘丽君, 涂天佳. 舰载有人直升机/无人机典型协同作战样式分析[J]. 电子技术与软件工程, 2018(13): 96-98.

[12] Sarkesain J F, O'Brien T W. A framework for achieving dynamic cyber effects through distributed cyber command and control/battle management (C-2/BM)[J]. Modeling and Simulation Support for Systems of Systems Engineering Applications, 2015, 20: 531-564.

[13] 李磊. 国外典型有人机/无人机协同作战项目发展分析[J]. 无人系统技术, 2020, 3(4): 83-90.

[14] 申超, 李磊, 吴洋, 等. 美国空中有人/无人自主协同作战能力发展研究[J]. 战术导弹技术, 2018(1): 16-21.

[15] 宋琛, 张蓬蓬. 有人/无人协同制空作战的特点及影响[J]. 飞航导弹, 2019(12): 78-81.

[16] Valenti M, Schouwenaars T, Kuwata Y, et al. Implementation of a manned vehicle-UAV mission system[C]. AIAA Guidance, Navigation and Control Conference, Providence, Rhode Island, 2004.

[17] Schouwenaars T, Kuwata Y, Feron E, et al. Liner programming and language processing for human/unmanned aerial vehicle team missions [J]. Journal of Guidance, Control, and Dynamics, 2006, 29(2): 303-313.

[18] Defense Advanced Research Projects Agency. Broad Agency Announcement: System of systems integration technology and experimentation[EB/OL]. https://www.darpa.mil/program/system-of-systems-integration-technology-and-experimentation.

[19] Lummus R. Mission battle management system fighter engagement manager concept[C]. Proceedings of Symposium and Exposition Conference on AIAA International Air and Space, New York, 2003.

[20] Endsley M R. Autonomous Horizons: System Autonomy in the Air Force-A Path to the Future (Volume I: Human-Autonomy Teaming)[R]. US Department of the Air Force, Washington D C, 2015.

[21] 陈杰, 辛斌. 有人/无人系统自主协同的关键科学问题[J]. 中国科学: 信息科学, 2018, 48(9): 1270-1274.

[22] US Air Force. Lockheed Martin Demonstrate Manned/Unmanned Teaming[EB/OL]. https://news.lockheedmartin.com/2017-04-10-U-S-Air-Force-Lockheed-Martin-Manned-Unmanned-Teaming.

[23] 韩维, 吴立尧, 张勇. 舰载战斗机/无人机编队飞行控制研究现状与展望[J]. 科学技术与工程, 2019, 19(36): 73-80.

[24] United States Department of Defense. Unmanned Systems Integrated Roadmap FY 2017-2042[R]. Washington D C, 2018.

[25] 徐嘉. 基于 FCM 模型理论的无人作战飞机对地自主攻击决策[D]. 西安: 西北工业大学, 2017.

[26] 张国忠, 沈林成, 朱华勇. 多无人机监督控制技术的发展现状及启示[J]. 国防科技, 2009, 30(4): 5-10.

[27] 段海滨, 张岱峰, 范彦铭, 等. 从狼群智能到无人机集群协同决策[J]. 中国科学: 信息科学, 2019(1): 112-118.

[28] Endsley M R. Situation awareness misconceptions and misunderstandings[J]. Journal of Cognitive Engineering & Decision Making, 2015, 9(1): 4-32.

[29] Kosko B. Fuzzy cognitive maps[J]. International Journal of Man-Machine Studies, 1986, 24(1): 65-75.

[30] Amirkhani A, Papageorgiou E I, Mohseni A, et al. A review of fuzzy cognitive maps in medicine: Taxonomy, methods, and applications[J]. Computer methods and programs in biomedicine, 2017, 142: 129-145.

[31] Zdanowicz P, Petrovic D. New mechanisms for reasoning and impacts accumulation for rule-based fuzzy cognitive maps[J]. IEEE Transactions on Fuzzy Systems, 2017, 26(2): 543-555.

[32] Harmati I Á, Kóczy L T. On the convergence of fuzzy grey cognitive maps[C]. Conference on Information Technology, Systems Research and Computational Physics,Krakow, 2018.

[33] Hajek P, Froelich W. Integrating TOPSIS with interval-valued intuitionistic fuzzy cognitive maps for effective group decision making[J]. Information Sciences, 2019, 485: 394-412.

[34] Arruda L V R, Mendonça M, Neves F, et al. Artificial life environment modeled by dynamic fuzzy cognitive maps[J]. IEEE Transactions on Cognitive and Developmental Systems, 2016, 10(1): 88-101.

[35] Bourgani E, Manis G, Stylios C D, et al. Timed-fuzzy cognitive maps: An overview[C]. 2016 IEEE International Conference on Systems, Man, and Cybernetics (SMC),Budapest, 2016.

[36] Papageorgiou K I, Poczeta K, Papageorgiou E, et al. Exploring an ensemble of methods that combines fuzzy cognitive maps and neural networks in solving the time series prediction problem of gas consumption in greece[J]. Algorithms, 2019, 12(11): 235.

[37] Felix G, Nápoles G, Falcon R, et al. A review on methods and software for fuzzy cognitive maps[J]. Artificial Intelligence Review, 2019, 52(3): 1707-1737.

[38] Khodadadi M, Shayanfar H, Maghooli K, et al. Fuzzy cognitive map based approach for determining the risk of ischemic stroke[J]. IET Systems Biology, 2019, 13(6): 297-304.

[39] Yang Z, Liu J. Learning fuzzy cognitive maps with convergence using a multi-agent genetic algorithm[J]. Soft Computing, 2020, 24(6): 4055-4066.

[40] Chi Y, Liu J. Reconstructing gene regulatory networks with a memetic-neural hybrid based on fuzzy cognitive maps[J]. Natural Computing, 2019, 18(2): 301-312.

[41] Bahri O, Mourhir A, Papageorgiou E I. Integrating fuzzy cognitive maps and multi-agent systems for sustainable agriculture[J]. Euro-Mediterranean Journal for Environmental Integration, 2020, 5(1): 1-10.

[42] Naskali Y K, Gurbuz T, Albayrak Y E. Human reliability assessment in healthcare operations using fuzzy cognitive maps[J]. Journal of Multiple Valued Logic & Soft Computing, 2019, 32(1-2): 57-86.

[43] 陈军, 徐嘉, 高晓光. 基于 ABFCM 模型框架的 UCAV 自主攻击决策[J]. 系统工程与电子技术, 2017, 39(3): 549-556.

[44] Zieba S, Polet P. Using adjustable autonomy and human-machine cooperation to make a human-machine system resilient-Application to a ground robotic system[J]. Information Sciences, 2011, 181(3): 379-397.

[45] Cummings M L, Guerlain S. Human performance issues in supervisory control of autonomous airborne vehicles[C]. Proceedings of AUVSI Unmanned Systems North America Conference, Anaheim, 2004.

[46] Bertuccelli L F, Cummings M L. Operator choice modeling for collaborative UAV visual search tasks[J]. IEEE Transactions on Systems, Man, and Cybernetics—Part A: Systems and Humans, 2012, 42(5): 1088-1099.

[47] Rudnick G, Claus S, Schulte A. Flight testing of agent supervisory control on heterogeneous unmanned aerial system platforms[C]. 2014 IEEE/AIAA 33rd Digital Avionics Systems Conference (DASC), Colorado Springs, 2014.

[48] Schmitt F, Schulte A. Mixed-initiative mission planning using planning strategy models in military manned-unmanned teaming missions[C]. Proceedings of IEEE International Conference on Systems, Man, and Cybernetics, Hong Kong, 2015.

[49] Bevacqua G, Cacace J. Mixed-initiative planning and execution for multiple drones in search and rescue missions[C]. Proceedings of the 25th International Conference on Automated Planning and Scheduling, Jerusalem, 2015.

[50] Dorton S, Terry B, Jaeger B, et al. Development of a recognition primed decision agent for supervisory control of autonomy[C]. 2016 IEEE International Multi-Disciplinary Conference on Cognitive Methods in Situation Awareness and Decision Support (CogSIMA), San Diego, 2016.

[51] Lim H J, Choi S H, Oh J, et al. Comparison study of potential workload index in a simulated multiple-UAV operation environment[C]. 2017 17th International Conference on Control, Jeju, 2017.

[52] Cabezas R T, Verdegay J L. Intelligent system of strategic monitoring[C]. 14th Iberian Conference on Information Systems and Technologies (CISTI), Coimbra, 2019.

[53] 尹昊, 侯婷婷, 李东光. 面向典型任务的有人/无人机协同效能评估[J]. 无人系统技术, 2021, 4(1): 62-70.

[54] 陈军, 张新伟, 徐嘉, 等. 有人/无人机混合编队有限干预式协同决策[J]. 航空学报, 2015, 36(11): 3652-3665.

[55] Zhong Y, Yao P Y, Wan L J, et al. Intervention decision-making in MAV/ UAV cooperative engagement based on human factors engineering [J]. Journal of Systems Engineering and Electronics, 2018, 29(3): 530-538.

[56] Rogers A, Ramchurn S D, Jennings N R. Delivering the smart grid: challenges for autonomous agents and multi-agent systems research[C]. AAAI Conference on Artificial Intelligence, Toronto, 2012.

[57] Yin L, Zhang R, Gu H. Situation reasoning for an adjustable autonomy system[J]. International Journal of Intelligent Computing & Cybernetics, 2012, 5(2): 226-238.

[58] Dumond D, Ayers J, Schurr N, et al. Coordinating with Humans by Adjustable-Autonomy for Multirobot Pursuit (CHAMP)[C]. International Society for Optics and Photonics, Baltimore, 2012.

[59] Brooks R. A robust layered control system for a mobile robot[J]. IEEE Journal on Robotics & Automation, 1985, 2(1): 14-23.

[60] 段立群, 冯鹏铭, 张汝波. 基于可变自主的人机系统弹性研究[J]. 华中科技大学学报: 自然科学版, 2011, 39(S2): 72-76.

[61] Gadallah A M, Hefny H A. Fuzzy cognitive map with dynamic fuzzification and causality behaviors[C]. 2010 The 7th International Conference on Informatics and Systems (INFOS), Cairo, 2010.

[62] Tsadiras A K, Margaritis K G. Cognitive mapping and certainty neuron fuzzy cognitive maps[J]. Information Sciences, 1997, 101(97): 109-130.

[63] Miao C Y, Goh A, Miao Y, et al. Agent that models, reasons and makes decisions[J]. Knowledge-Based Systems, 2002, 15(3): 203-211.

[64] Levulis S J, Kim S Y, DeLucia P R. Effects of Touch, Voice, and Multimodal Input on Multiple-UAV Monitoring During Simulated Manned-Unmanned Teaming in a Military Helicopter[C]. Proceedings of the Human Factors and Ergonomics Society Annual Meeting, Washington D C, 2016.

[65] Lim Y, Gardi A, Sabatini R, et al. Avionics Human-Machine Interfaces and Interactions for manned and unmanned

aircraft[J]. Progress in Aerospace Sciences, 2018, 91: 755-774.

[66] Li D, Liu M, Zhao F, et al. Challenges and countermeasures of interaction in autonomous vehicles[J]. Science China Information Sciences, 2019, 62(5): 50201.

[67] Pacaux-Lemoine M P, Trentesaux D, Rey G Z, et al. Designing intelligent manufacturing systems through Human-Machine Cooperation principles: A human-centered approach[J]. Computers & Industrial Engineering, 2017, 111: 581-595.

[68] Dul J, Bruder R, Buckle P, et al. A strategy for human factors/ergonomics: Developing the discipline and profession[J]. Ergonomics, 2012, 55(4): 377-395.

[69] Dul J, Neumann W P. Ergonomics contributions to company strategies[J]. Applied ergonomics, 2009, 40(4): 745-752.

[70] Enderwick T P, Meister D. Human Factors in System Design, Development, and Testing[M]. Boca Raton: CRC Press, 2001.

[71] Stanton N A, Salmon P M, Rafferty L A, et al. Human Factors Methods: A Practical Guide for Engineering and Design[M]. Boca Raton: CRC Press, 2017.

[72] Karwowski W. Ergonomics and human factors: The paradigms for science, engineering, design, technology and management of human-compatible systems[J]. Ergonomics, 2005, 48(5): 436-463.

[73] Moray N. Subjective mental workload[J]. Human Factors, 1982, 24(1): 25-40.

[74] Waard D D. The Measurement of Drivers' Mental Workload[M]. Netherlands: Groningen University, Traffic Research Center, 1996.

[75] Chandler P, Sweller J. Cognitive load theory and the format of instruction[J]. Cognition and Instruction, 1991, 8(4): 293-332.

[76] Phillips J L, Shiffrin R M, Atkinson R C. Effects of list length on short-term memory[J]. Journal of Verbal Learning and Verbal Behavior, 1967, 6(3): 303-311.

[77] 任天助, 周锐, 李浩. 一种基于情感智能的无人机自主决策方法[J]. 电光与控制, 2017, 24(3): 11-15, 19.

[78] 屈高敏, 董彦非, 岳源. 对地攻击型无人机作战效能评估[J]. 火力与指挥控制, 2016, 41(4): 145-149.

[79] 王禹, 肖毅, 周前祥, 等. 基于脑电信号的脑力负荷监测技术研究现状[J]. 航天医学与医学工程, 2018, 31(5): 577-582.

[80] Hayton J C, Allen D G, Scarpello V. Factor retention decisions in exploratory factor analysis: A tutorial on parallel analysis[J]. Organizational Research Methods, 2004, 7(2): 191-205.

[81] Haapalainen E, Kim S J, Forlizzi J F, et al. Psycho-physiological measures for assessing cognitive load[C]. Proceedings of the 12th ACM International Conference on Ubiquitous Computing, Copenhagen, 2010.

[82] Zarjam P, Epps J, Lovell N H. Beyond subjective self-rating: EEG signal classification of cognitive workload[J]. IEEE Transactions on Autonomous Mental Development, 2015, 7(4): 301-310.

[83] Wang S, Gwizdka J, Chaovalitwongse W A. Using wireless EEG signals to assess memory workload in the n-back task[J]. IEEE Transactions on Human-Machine Systems, 2015, 46(3): 424-435.

[84] Almahasneh H, Chooi W T, Kamel N, et al. Deep in thought while driving: An EEG study on drivers' cognitive distraction[J]. Transportation Research Part F: Traffic Psychology and Behaviour, 2014, 26: 218-226.

[85] Chen S, Epps J. Automatic classification of eye activity for cognitive load measurement with emotion interference[J]. Computer Methods and Programs in Biomedicine, 2013, 110(2): 111-124.

[86] Palinko O, Kun A L, Shyrokov A, et al. Estimating cognitive load using remote eye tracking in a driving simulator[C]. Proceedings of the 2010 Symposium on Eye-tracking Research & Applications, Austin, 2010.

[87] Rosch J L, Vogel-Walcutt J J. A review of eye-tracking applications as tools for training[J]. Cognition, Technology & Work, 2013, 15(3): 313-327.

[88] 王丽丽. 集成学习算法研究[D]. 青岛: 山东科技大学,2010.

[89] 崔丽娟,李凯,倪志宏.基于分类的集成学习算法研究[J].河北大学学报(自然科学版), 2007(4): 423-427.

[90] 李国正, 李丹. 集成学习中特征选择技术[J]. 上海大学学报(自然科学版), 2007(5): 598-604.

[91] 钟赟, 张杰勇, 邓长来. 有人/无人机协同作战问题[J]. 指挥信息系统与技术, 2017, 8(4): 19-25.

[92] 胡杰, 黄长强, 赵辉, 等. 基于变精度粗糙集理论的 UCAV 态势评估方法研究[J]. 电光与控制, 2010, 17(3): 23-26, 43.

[93] 赵克新, 黄长强, 魏政磊, 等. 改进决策树的无人机空战态势估计[J]. 哈尔滨工业大学学报,2019, 51(4): 66-73.

[94] 李闯, 端木京顺, 雷英杰, 等. 基于认知图和直觉模糊推理的态势评估方法[J]. 系统工程与电子技术, 2012, 34(10): 2064-2068.

[95] 付涛, 王军. 防空系统中空中目标威胁评估方法研究[J]. 指挥控制与仿真, 2016, 38(3): 63-69.

[96] 刘宏强, 魏贤智, 付昭旺, 等. 有人机/无人机编队协同攻击任务分配方法研究[J]. 电光与控制, 2013, 20(6): 16-19.

[97] 王阔天. 多无人机监督控制系统的人机动态功能分配研究[D]. 长沙: 国防科学技术大学, 2009.

[98] 邸斌, 周锐, 丁全心. 多无人机分布式协同异构任务分配[J]. 控制与决策, 2013, 28(2): 274-278.

[99] 万路军, 姚佩阳, 孙鹏. 有人/无人作战智能体分布式任务分配方法[J]. 系统工程与电子技术, 2013, 35(2): 310-316.

[100] 马向玲, 陈旭, 雷宇曜. 基于数据链的无人机航路规划 A*算法研究[J]. 电光与控制, 2009, 16(12): 15-17, 21.

[101] 罗维尔, 魏瑞轩. 有人/无人机协同打击航路智能规划[J]. 控制理论与应用, 2019, 36(7): 1090-1095.

[102] 王文恽, 王文双, 侯学隆, 等. Vega Prime 开发与仿真应用[M]. 成都: 西南交通大学出版社, 2017.

附　　录

附表 1　　100 维脑电和 7 维眼动数据成分矩阵

	1	2	3	4	5	6	7	8	9	10	11
Delta_1	0.946	−0.139	−0.033	−0.002	−0.082	0.023	0.243	−0.061	0.076	−0.012	0.021
Delta_2	0.972	0.017	−0.080	−0.079	−0.048	0.095	0.059	−0.019	−0.020	−0.021	−0.038
Delta_3	0.787	−0.579	0.002	0.078	−0.018	0.023	−0.084	−0.020	−0.095	0.096	−0.049
Delta_4	0.835	−0.451	0.052	−0.001	−0.041	−0.051	−0.071	0.020	−0.089	0.009	−0.023
Delta_5	0.864	0.329	−0.077	−0.111	−0.051	−0.053	0.270	−0.033	0.089	0.030	0.054
Delta_6	0.671	0.632	−0.213	−0.168	0.033	0.158	−0.024	−0.007	−0.093	−0.069	−0.029
Delta_7	0.799	0.468	−0.080	−0.142	0.025	−0.103	0.100	−0.011	−0.009	0.081	0.030
Delta_8	0.968	−0.069	−0.096	0.019	−0.040	0.052	0.012	−0.050	−0.074	−0.077	−0.041
Delta_9	0.747	0.584	−0.162	−0.155	0.014	0.109	0.078	−0.024	−0.057	−0.056	0.022
Delta_10	0.272	0.215	−0.032	0.388	0.513	0.339	−0.078	−0.366	0.009	0.251	0.296
Delta_11	0.899	0.343	−0.160	−0.106	0.001	0.124	0.015	−0.023	−0.071	−0.027	−0.046
Delta_12	0.813	0.473	−0.179	−0.123	0.020	0.157	−0.085	0.004	−0.080	−0.022	−0.096
Delta_13	0.918	−0.307	0.108	0.021	0.009	−0.036	−0.139	−0.024	−0.102	0.016	0.019
Delta_14	0.712	0.644	−0.151	−0.159	−0.011	0.055	0.123	−0.012	−0.002	−0.055	0.023
Delta_15	0.967	−0.103	−0.055	−0.012	−0.067	0.016	0.188	−0.051	0.033	0.012	0.004
Delta_16	0.961	0.026	−0.001	−0.017	−0.070	−0.018	0.178	−0.070	0.070	0.003	0.066
Delta_17	0.905	−0.396	0.020	0.061	−0.046	0.064	−0.011	−0.052	−0.022	−0.033	−0.011
Delta_18	0.949	−0.018	−0.016	−0.062	−0.021	−0.059	0.159	−0.019	0.027	0.107	0.014
Delta_19	0.750	−0.015	0.029	0.316	0.469	−0.116	0.159	0.165	0.053	0.023	−0.106
Delta_20	0.903	−0.268	0.232	0.028	−0.045	−0.006	−0.062	−0.082	0.030	−0.101	0.064
Theta_1	0.942	−0.105	−0.029	0.020	−0.106	−0.059	0.220	−0.003	0.146	−0.001	0.046
Theta_2	0.547	−0.055	0.310	−0.329	−0.063	−0.023	−0.293	0.337	0.328	0.277	−0.081
Theta_3	0.755	−0.413	0.048	0.085	0.034	−0.154	−0.332	0.048	−0.157	0.182	−0.039
Theta_4	0.285	−0.071	0.514	−0.181	−0.074	−0.296	−0.255	0.417	0.249	0.206	0.104
Theta_5	0.860	0.177	0.058	−0.177	−0.088	−0.147	0.116	0.165	0.266	0.135	0.082
Theta_6	0.621	0.679	−0.078	−0.172	−0.023	0.047	−0.179	0.085	0.176	0.008	−0.037
Theta_7	0.772	0.452	0.006	−0.073	−0.017	−0.271	−0.059	0.091	0.132	0.091	0.053
Theta_8	0.749	0.093	0.134	0.049	−0.061	−0.097	−0.350	0.134	0.321	−0.029	−0.077
Theta_9	0.716	0.637	−0.142	−0.150	0.013	0.047	0.027	−0.013	−0.032	−0.036	0.003

	1	2	3	4	5	6	7	8	9	10	11
Theta_10	0.422	0.411	−0.046	0.410	0.627	0.187	−0.077	−0.067	0.035	0.104	0.034
Theta_11	0.812	0.493	−0.151	−0.113	0.014	0.016	−0.190	0.038	−0.001	0.021	−0.054
Theta_12	0.734	0.543	−0.154	−0.108	0.028	0.074	−0.236	0.053	−0.036	0.025	−0.123
Theta_13	0.813	−0.057	0.186	0.048	0.126	−0.209	−0.389	0.016	−0.126	0.066	−0.001
Theta_14	0.635	0.718	−0.018	−0.111	−0.046	−0.105	0.017	0.080	0.085	−0.065	0.054
Theta_15	0.957	−0.010	−0.004	−0.005	−0.080	−0.146	−0.023	0.068	0.179	0.070	0.029
Theta_16	0.900	0.186	0.092	−0.033	−0.041	−0.193	0.110	0.079	0.201	0.083	0.069
Theta_17	0.934	−0.288	0.029	0.079	0.001	0.021	−0.096	−0.036	0.010	−0.040	−0.035
Theta_18	0.909	0.117	−0.004	−0.029	−0.012	−0.163	0.021	0.092	0.078	0.158	0.027
Theta_19	0.644	0.113	0.049	0.377	0.518	−0.213	0.058	0.270	0.052	0.023	−0.106
Theta_20	0.807	−0.026	0.471	0.023	0.066	−0.098	−0.149	−0.037	0.095	−0.136	0.047
Alpha_1	0.041	0.347	0.538	0.438	−0.208	0.054	−0.073	0.003	−0.015	−0.179	−0.085
Alpha_2	−0.054	0.115	0.938	0.014	−0.087	0.231	0.023	−0.029	0.047	0.103	−0.084
Alpha_3	0.125	0.060	0.732	0.015	0.015	−0.115	−0.283	−0.057	0.096	−0.133	0.354
Alpha_4	0.258	−0.311	−0.073	−0.354	0.192	−0.380	−0.191	−0.013	0.044	0.025	0.388
Alpha_5	0.078	0.435	0.488	0.510	−0.289	−0.021	0.180	0.218	−0.229	−0.034	0.026
Alpha_6	0.016	0.059	0.849	−0.389	0.199	−0.055	0.144	−0.112	−0.004	−0.034	−0.092
Alpha_7	0.186	0.506	0.463	0.551	−0.223	−0.140	0.050	0.053	−0.093	−0.228	0.072
Alpha_8	0.047	0.243	0.566	0.310	−0.186	0.211	−0.130	−0.293	0.326	0.033	−0.249
Alpha_9	0.004	0.026	0.833	−0.416	0.205	−0.038	0.185	−0.084	−0.088	−0.024	−0.104
Alpha_10	−0.007	−0.051	0.684	−0.506	0.320	−0.025	0.148	−0.184	0.018	−0.054	−0.185
Alpha_11	−0.027	0.056	0.901	−0.103	0.066	0.158	−0.027	−0.142	0.105	−0.038	−0.152
Alpha_12	0.001	−0.039	0.789	−0.476	0.255	−0.002	0.083	−0.140	−0.021	0.009	−0.110
Alpha_13	0.097	0.060	0.734	−0.373	0.181	−0.207	−0.020	−0.160	0.017	−0.107	0.097
Alpha_14	0.028	0.149	0.961	−0.125	0.015	−0.007	0.029	−0.068	0.038	−0.044	0.054
Alpha_15	−0.054	0.304	0.587	0.538	−0.354	0.259	−0.064	0.060	0.113	−0.035	−0.009
Alpha_16	−0.150	0.176	0.659	0.363	−0.309	0.401	0.074	0.192	−0.057	0.199	−0.022
Alpha_17	−0.022	−0.112	0.607	−0.520	0.256	0.032	0.202	−0.086	−0.125	0.105	−0.027
Alpha_18	0.092	0.419	0.577	0.514	−0.244	0.014	−0.045	0.084	−0.039	−0.127	0.198
Alpha_19	−0.174	0.147	0.539	0.402	−0.337	0.479	−0.001	0.203	0.008	0.248	−0.011
Alpha_20	−0.037	0.043	0.817	−0.295	0.067	0.055	0.173	0.014	−0.167	0.162	−0.029
Beta_1	0.870	−0.420	−0.022	0.070	−0.099	0.074	0.169	−0.057	0.047	−0.041	0.000
Beta_2	0.941	−0.250	−0.057	0.037	−0.089	0.074	0.153	−0.035	0.028	−0.010	−0.002
Beta_3	0.782	−0.600	0.011	0.099	−0.065	0.060	0.041	−0.044	−0.022	0.018	−0.031

续表

	1	2	3	4	5	6	7	8	9	10	11
Beta_4	0.815	−0.545	−0.004	0.087	−0.064	0.093	0.058	−0.049	−0.021	−0.020	−0.033
Beta_5	0.933	0.082	−0.110	−0.013	−0.099	−0.011	0.257	−0.016	0.084	−0.001	0.058
Beta_6	0.765	0.555	−0.207	−0.132	0.006	0.097	0.073	0.013	−0.073	−0.012	0.014
Beta_7	0.928	0.214	−0.117	−0.053	−0.038	−0.048	0.112	0.013	0.006	0.052	0.039
Beta_8	0.892	−0.417	0.009	0.063	−0.066	0.067	0.068	−0.056	−0.008	−0.024	−0.029
Beta_9	0.765	0.533	−0.142	−0.111	−0.031	0.021	0.201	0.001	0.017	0.006	0.110
Beta_10	0.094	0.078	0.032	0.590	0.767	0.068	0.114	−0.001	0.076	0.037	0.029
Beta_11	0.974	0.038	−0.119	−0.022	−0.062	0.088	0.129	−0.022	−0.008	−0.010	−0.004
Beta_12	0.879	0.379	−0.166	−0.090	−0.024	0.138	0.038	0.009	−0.037	−0.034	−0.040
Beta_13	0.893	−0.391	0.148	0.065	−0.056	−0.027	0.051	−0.028	−0.030	−0.061	0.058
Beta_14	0.794	0.492	−0.155	−0.107	−0.055	0.013	0.230	0.015	0.047	−0.008	0.074
Beta_15	0.905	−0.350	−0.043	0.056	−0.092	0.066	0.165	−0.050	0.028	−0.026	−0.004
Beta_16	0.936	−0.266	0.061	0.047	−0.089	0.011	0.138	−0.071	0.048	−0.061	0.048
Beta_17	0.879	−0.430	0.074	0.089	−0.075	0.018	0.071	−0.049	0.008	−0.072	0.035
Beta_18	0.931	−0.301	−0.041	0.036	−0.074	0.030	0.135	−0.021	0.029	0.013	0.017
Beta_19	0.466	−0.101	0.041	0.489	0.612	−0.090	0.194	0.230	0.087	−0.093	−0.149
Beta_20	0.870	−0.359	0.216	0.091	−0.078	−0.050	0.030	−0.064	0.035	−0.132	0.091
Gamma_1	0.781	−0.568	0.003	0.098	−0.092	0.096	0.125	−0.063	0.026	−0.042	−0.019
Gamma_2	0.888	−0.226	0.008	0.033	−0.060	0.162	−0.109	−0.031	0.004	0.005	−0.144
Gamma_3	0.816	−0.382	0.014	0.040	0.048	−0.026	−0.272	0.017	−0.197	0.171	−0.081
Gamma_4	0.831	−0.463	0.009	0.025	0.020	0.097	−0.088	−0.010	−0.138	0.053	−0.114
Gamma_5	0.929	−0.259	−0.040	0.031	−0.080	0.089	0.135	−0.053	0.010	−0.047	−0.003
Gamma_6	0.712	0.463	−0.145	−0.133	0.101	0.165	−0.334	0.034	−0.232	0.038	−0.134
Gamma_7	0.937	−0.142	−0.066	−0.003	0.011	0.011	−0.116	−0.007	−0.122	0.088	−0.049
Gamma_8	0.794	−0.470	0.055	0.080	−0.052	0.115	−0.124	−0.012	−0.019	0.067	−0.152
Gamma_9	0.570	0.610	0.068	−0.093	0.125	0.181	−0.110	−0.188	−0.030	0.030	0.252
Gamma_10	−0.045	0.041	0.020	0.269	0.245	0.398	−0.098	−0.553	0.064	0.340	0.430
Gamma_11	0.822	0.372	−0.080	−0.110	0.061	0.148	−0.274	0.005	−0.174	0.028	−0.119
Gamma_12	0.554	0.631	−0.148	−0.131	0.031	0.269	−0.205	0.036	−0.080	−0.084	−0.154
Gamma_13	0.807	−0.152	0.347	0.048	0.076	−0.163	−0.201	0.078	−0.277	−0.010	0.075
Gamma_14	0.678	0.634	−0.120	−0.180	0.031	0.160	0.014	−0.011	−0.085	−0.120	0.010
Gamma_15	0.906	−0.350	−0.043	0.051	−0.070	0.116	0.100	−0.050	−0.021	−0.049	−0.024
Gamma_16	0.928	−0.324	0.072	0.060	−0.036	0.036	0.004	−0.049	−0.035	−0.052	0.000
Gamma_17	0.884	−0.153	0.243	0.089	0.049	−0.127	−0.199	0.008	−0.165	−0.096	0.056

续表

	1	2	3	4	5	6	7	8	9	10	11
Gamma_18	0.856	−0.118	−0.089	−0.054	0.055	0.047	−0.123	0.042	−0.107	0.101	−0.012
Gamma_19	0.085	0.029	0.047	0.534	0.719	−0.108	0.152	0.267	0.091	−0.110	−0.179
Gamma_20	0.809	−0.092	0.376	0.109	0.041	−0.181	−0.201	−0.013	−0.140	−0.167	0.106
Perclos	−0.129	−0.022	0.332	−0.267	0.143	0.220	0.312	0.474	−0.382	0.004	0.111
Fixation_Duration	0.076	0.350	−0.131	0.287	−0.205	−0.568	0.083	−0.423	0.020	0.216	−0.223
Number_Of_Fixations	0.002	−0.409	−0.009	−0.317	0.147	0.466	0.001	0.466	0.052	−0.184	0.299
Saccade_Duration	0.025	0.068	0.055	0.013	−0.120	−0.068	0.339	0.246	−0.086	0.575	0.062
Saccade_Angle	0.001	−0.121	−0.193	−0.261	0.136	0.392	−0.080	−0.124	0.357	−0.165	−0.263
Number_Of_Saccades	0.078	−0.484	−0.148	−0.226	0.125	0.493	−0.121	0.232	0.228	−0.291	0.210
Pupil_Area	0.264	0.479	0.185	0.299	−0.097	−0.476	0.050	−0.112	−0.106	−0.305	0.089

附表 2　100 维脑电与 7 维眼动数据成分的权值系数矩阵

	1	2	3	4	5	6	7	8	9	10	11
Delta_1	0.018	−0.011	−0.003	0.000	−0.020	0.007	0.091	−0.027	0.047	−0.008	0.014
Delta_2	0.019	0.001	−0.007	−0.014	−0.012	0.028	0.022	−0.008	−0.012	−0.013	−0.026
Delta_3	0.015	−0.044	0.000	0.013	−0.004	0.007	−0.032	−0.009	−0.059	0.060	−0.033
Delta_4	0.016	−0.035	0.005	0.000	−0.010	−0.015	−0.027	0.009	−0.055	0.006	−0.016
Delta_5	0.017	0.025	−0.007	−0.019	−0.012	−0.016	0.102	−0.014	0.055	0.019	0.036
Delta_6	0.013	0.048	−0.018	−0.029	0.008	0.047	−0.009	−0.003	−0.058	−0.044	−0.020
Delta_7	0.015	0.036	−0.007	−0.024	0.006	−0.031	0.038	−0.005	−0.005	0.051	0.020
Delta_8	0.019	−0.005	−0.008	0.003	−0.010	0.016	0.005	−0.022	−0.046	−0.048	−0.027
Delta_9	0.014	0.045	−0.014	−0.027	0.003	0.033	0.030	−0.010	−0.036	−0.035	0.015
Delta_10	0.005	0.016	−0.003	0.067	0.125	0.102	−0.029	−0.160	0.005	0.158	0.200
Delta_11	0.017	0.026	−0.014	−0.018	0.000	0.037	0.005	−0.010	−0.044	−0.017	−0.031
Delta_12	0.016	0.036	−0.015	−0.021	0.005	0.047	−0.032	0.002	−0.050	−0.014	−0.065
Delta_13	0.018	−0.024	0.009	0.004	0.002	−0.011	−0.052	−0.011	−0.064	0.010	0.013
Delta_14	0.014	0.049	−0.013	−0.027	−0.003	0.016	0.046	−0.005	−0.001	−0.034	0.015
Delta_15	0.019	−0.008	−0.005	−0.002	−0.016	0.005	0.071	−0.022	0.020	0.007	0.003
Delta_16	0.018	0.002	0.000	−0.003	−0.017	−0.005	0.067	−0.030	0.044	0.002	0.045
Delta_17	0.017	−0.030	0.002	0.010	−0.011	0.019	−0.004	−0.023	−0.014	−0.021	−0.007
Delta_18	0.018	−0.001	−0.001	−0.011	−0.005	−0.018	0.060	−0.008	0.017	0.068	0.009
Delta_19	0.014	−0.001	0.003	0.054	0.115	−0.035	0.060	0.072	0.033	0.014	−0.072
Delta_20	0.017	−0.021	0.020	0.005	−0.011	−0.002	−0.023	−0.036	0.019	−0.063	0.043
Theta_1	0.018	−0.008	−0.003	0.003	−0.026	−0.018	0.083	−0.001	0.091	−0.001	0.031

	1	2	3	4	5	6	7	8	9	10	11
Theta_2	0.010	−0.004	0.027	−0.057	−0.015	−0.007	−0.110	0.147	0.204	0.174	−0.055
Theta_3	0.014	−0.032	0.004	0.015	0.008	−0.046	−0.125	0.021	−0.098	0.114	−0.026
Theta_4	0.005	−0.005	0.044	−0.031	−0.018	−0.089	−0.096	0.182	0.155	0.130	0.070
Theta_5	0.016	0.014	0.005	−0.030	−0.022	−0.044	0.044	0.072	0.166	0.085	0.055
Theta_6	0.012	0.052	−0.007	−0.030	−0.006	0.014	−0.067	0.037	0.110	0.005	−0.025
Theta_7	0.015	0.035	0.000	−0.013	−0.004	−0.081	−0.022	0.040	0.082	0.057	0.036
Theta_8	0.014	0.007	0.012	0.008	−0.015	−0.029	−0.132	0.059	0.200	−0.018	−0.052
Theta_9	0.014	0.049	−0.012	−0.026	0.003	0.014	0.010	−0.006	−0.020	−0.023	0.002
Theta_10	0.008	0.031	−0.004	0.071	0.153	0.056	−0.029	−0.029	0.022	0.065	0.023
Theta_11	0.016	0.038	−0.013	−0.019	0.004	0.005	−0.072	0.016	0.000	0.013	−0.037
Theta_12	0.014	0.042	−0.013	−0.019	0.007	0.022	−0.089	0.023	−0.022	0.016	−0.083
Theta_13	0.016	−0.004	0.016	0.008	0.031	−0.063	−0.147	0.007	−0.078	0.041	0.000
Theta_14	0.012	0.055	−0.002	−0.019	−0.011	−0.032	0.006	0.035	0.053	−0.041	0.037
Theta_15	0.018	−0.001	0.000	−0.001	−0.020	−0.044	−0.009	0.030	0.111	0.044	0.020
Theta_16	0.017	0.014	0.008	−0.006	−0.010	−0.058	0.041	0.035	0.125	0.052	0.046
Theta_17	0.018	−0.022	0.002	0.014	0.000	0.006	−0.036	−0.016	0.006	−0.025	−0.024
Theta_18	0.017	0.009	0.000	−0.005	−0.003	−0.049	0.008	0.040	0.048	0.099	0.018
Theta_19	0.012	0.009	0.004	0.065	0.127	−0.064	0.022	0.118	0.032	0.014	−0.072
Theta_20	0.015	−0.002	0.041	0.004	0.016	−0.030	−0.056	−0.016	0.059	−0.085	0.032
Alpha_1	0.001	0.027	0.046	0.075	−0.051	0.016	−0.028	0.001	−0.009	−0.112	−0.058
Alpha_2	−0.001	0.009	0.081	0.002	−0.021	0.069	0.009	−0.012	0.029	0.065	−0.057
Alpha_3	0.002	0.005	0.063	0.003	0.004	−0.035	−0.107	−0.025	0.060	−0.084	0.239
Alpha_4	0.005	−0.024	−0.006	−0.061	0.047	−0.114	−0.072	−0.005	0.027	0.016	0.263
Alpha_5	0.002	0.033	0.042	0.088	−0.071	−0.006	0.068	0.095	−0.142	−0.021	0.018
Alpha_6	0.000	0.005	0.073	−0.067	0.049	−0.016	0.054	−0.049	−0.002	−0.022	−0.062
Alpha_7	0.004	0.039	0.040	0.095	−0.055	−0.042	0.019	0.023	−0.058	−0.143	0.049
Alpha_8	0.001	0.019	0.049	0.053	−0.045	0.063	−0.049	−0.128	0.202	0.021	−0.168
Alpha_9	0.000	0.002	0.072	−0.072	0.050	−0.011	0.070	−0.036	−0.054	−0.015	−0.070
Alpha_10	0.000	−0.004	0.059	−0.087	0.078	−0.007	0.056	−0.080	0.011	−0.034	−0.125
Alpha_11	−0.001	0.004	0.078	−0.018	0.016	0.048	−0.010	−0.062	0.065	−0.024	−0.103
Alpha_12	0.000	−0.003	0.068	−0.082	0.062	0.000	0.031	−0.061	−0.013	0.006	−0.074
Alpha_13	0.002	0.005	0.063	−0.064	0.044	−0.062	−0.007	−0.070	0.011	−0.067	0.066
Alpha_14	0.001	0.011	0.083	−0.022	0.004	−0.002	0.011	−0.030	0.024	−0.028	0.036
Alpha_15	−0.001	0.023	0.051	0.093	−0.087	0.078	−0.024	0.026	0.070	−0.022	−0.006

	1	2	3	4	5	6	7	8	9	10	11
Alpha_16	−0.003	0.013	0.057	0.062	−0.075	0.120	0.028	0.084	−0.035	0.125	−0.015
Alpha_17	0.000	−0.009	0.052	−0.089	0.062	0.010	0.076	−0.037	−0.078	0.066	−0.019
Alpha_18	0.002	0.032	0.050	0.088	−0.060	0.004	−0.017	0.037	−0.024	−0.080	0.134
Alpha_19	−0.003	0.011	0.047	0.069	−0.082	0.144	0.000	0.089	0.005	0.156	−0.007
Alpha_20	−0.001	0.003	0.071	−0.051	0.016	0.016	0.065	0.006	−0.104	0.102	−0.019
Beta_1	0.017	−0.032	−0.002	0.012	−0.024	0.022	0.064	−0.025	0.029	−0.026	0.000
Beta_2	0.018	−0.019	−0.005	0.006	−0.022	0.022	0.058	−0.015	0.018	−0.006	−0.001
Beta_3	0.015	−0.046	0.001	0.017	−0.016	0.018	0.016	−0.019	−0.014	0.012	−0.021
Beta_4	0.016	−0.042	0.000	0.015	−0.016	0.028	0.022	−0.021	−0.013	−0.013	−0.022
Beta_5	0.018	0.006	−0.010	−0.002	−0.024	−0.003	0.097	−0.007	0.052	0.000	0.039
Beta_6	0.015	0.042	−0.018	−0.023	0.001	0.029	0.028	0.006	−0.045	−0.007	0.009
Beta_7	0.018	0.016	−0.010	−0.009	−0.009	−0.014	0.042	0.006	0.003	0.033	0.027
Beta_8	0.017	−0.032	0.001	0.011	−0.016	0.020	0.026	−0.024	−0.005	−0.015	−0.020
Beta_9	0.015	0.041	−0.012	−0.019	−0.008	0.006	0.076	0.001	0.010	0.003	0.074
Beta_10	0.002	0.006	0.003	0.102	0.187	0.020	0.043	0.000	0.047	0.023	0.020
Beta_11	0.019	0.003	−0.010	−0.004	−0.015	0.026	0.048	−0.010	−0.005	−0.006	−0.002
Beta_12	0.017	0.029	−0.014	−0.015	−0.006	0.041	0.014	0.004	−0.023	−0.022	−0.027
Beta_13	0.017	−0.030	0.013	0.011	−0.014	−0.008	0.019	−0.012	−0.019	−0.038	0.039
Beta_14	0.015	0.038	−0.013	−0.018	−0.013	0.004	0.087	0.006	0.029	−0.005	0.050
Beta_15	0.017	−0.027	−0.004	0.010	−0.023	0.020	0.062	−0.022	0.017	−0.016	−0.003
Beta_16	0.018	−0.020	0.005	0.008	−0.022	0.003	0.052	−0.031	0.030	−0.039	0.032
Beta_17	0.017	−0.033	0.006	0.015	−0.018	0.006	0.027	−0.021	0.005	−0.045	0.023
Beta_18	0.018	−0.023	−0.004	0.006	−0.018	0.009	0.051	−0.009	0.018	0.008	0.012
Beta_19	0.009	−0.008	0.004	0.084	0.150	−0.027	0.073	0.100	0.054	−0.058	−0.101
Beta_20	0.017	−0.027	0.019	0.016	−0.019	−0.015	0.011	−0.028	0.022	−0.083	0.062
Gamma_1	0.015	−0.043	0.000	0.017	−0.023	0.029	0.047	−0.028	0.016	−0.026	−0.013
Gamma_2	0.017	−0.017	0.001	0.006	−0.015	0.049	−0.041	−0.014	0.003	0.003	−0.098
Gamma_3	0.016	−0.029	0.001	0.007	0.012	−0.008	−0.102	0.008	−0.123	0.107	−0.055
Gamma_4	0.016	−0.035	0.001	0.004	0.005	0.029	−0.033	−0.004	−0.086	0.033	−0.077
Gamma_5	0.018	−0.020	−0.003	0.005	−0.020	0.027	0.051	−0.023	0.006	−0.030	−0.002
Gamma_6	0.014	0.035	−0.012	−0.023	0.025	0.050	−0.126	0.015	−0.144	0.024	−0.090
Gamma_7	0.018	−0.011	−0.006	0.000	0.003	0.003	−0.044	−0.003	−0.076	0.055	−0.033
Gamma_8	0.015	−0.036	0.005	0.014	−0.013	0.034	−0.047	−0.005	−0.012	0.042	−0.103
Gamma_9	0.011	0.047	0.006	−0.016	0.031	0.054	−0.042	−0.082	−0.018	0.019	0.170

续表

	1	2	3	4	5	6	7	8	9	10	11
Gamma_10	−0.001	0.003	0.002	0.046	0.060	0.119	−0.037	−0.241	0.040	0.214	0.291
Gamma_11	0.016	0.029	−0.007	−0.019	0.015	0.044	−0.103	0.002	−0.108	0.017	−0.080
Gamma_12	0.011	0.048	−0.013	−0.023	0.007	0.081	−0.077	0.016	−0.049	−0.053	−0.104
Gamma_13	0.015	−0.012	0.030	0.008	0.019	−0.049	−0.076	0.034	−0.172	−0.007	0.051
Gamma_14	0.013	0.049	−0.010	−0.031	0.007	0.048	0.005	−0.005	−0.053	−0.076	0.007
Gamma_15	0.017	−0.027	−0.004	0.009	−0.017	0.035	0.038	−0.022	−0.013	−0.031	−0.016
Gamma_16	0.018	−0.025	0.006	0.010	−0.009	0.011	0.002	−0.021	−0.022	−0.033	0.000
Gamma_17	0.017	−0.012	0.021	0.015	0.012	−0.038	−0.075	0.004	−0.103	−0.061	0.038
Gamma_18	0.016	−0.009	−0.008	−0.009	0.013	0.014	−0.046	0.018	−0.066	0.064	−0.008
Gamma_19	0.002	0.002	0.004	0.092	0.176	−0.032	0.057	0.117	0.056	−0.069	−0.121
Gamma_20	0.015	−0.007	0.032	0.019	0.010	−0.054	−0.076	−0.006	−0.087	−0.105	0.072
Perclos	−0.002	−0.002	0.029	−0.046	0.035	0.066	0.118	0.207	−0.238	0.002	0.075
Fixation_Duration	0.001	0.027	−0.011	0.049	−0.050	−0.170	0.031	−0.185	0.012	0.136	−0.151
Number_Of_Fixations	0.000	−0.031	−0.001	−0.054	0.036	0.140	0.000	0.203	0.033	−0.116	0.202
Saccade_Duration	0.000	0.005	0.005	0.002	−0.029	−0.020	0.128	0.107	−0.054	0.362	0.042
Saccade_Angle	0.000	−0.009	−0.017	−0.045	0.033	0.117	−0.030	−0.054	0.222	−0.104	−0.178
Number_Of_Saccades	0.001	−0.037	−0.013	−0.039	0.031	0.148	−0.046	0.101	0.142	−0.183	0.142
Pupil_Area	0.005	0.037	0.016	0.051	−0.024	−0.143	0.019	−0.049	−0.066	−0.192	0.060

附表 3　80 维脑电数据成分矩阵

	1	2	3	4	5
Delta_1	0.947	−0.131	−0.069	−0.195	−0.165
Delta_2	0.973	0.049	−0.084	−0.121	0.024
Delta_3	0.790	−0.569	−0.002	−0.030	0.121
Delta_4	0.836	−0.449	−0.061	0.058	0.075
Delta_5	0.863	0.346	−0.084	−0.127	−0.258
Delta_6	0.670	0.689	−0.044	−0.111	0.110
Delta_7	0.797	0.490	−0.041	0.013	−0.149
Delta_8	0.969	−0.053	−0.029	−0.121	0.069
Delta_9	0.746	0.628	−0.050	−0.127	0.004
Delta_10	0.273	0.196	0.670	−0.242	0.387
Delta_11	0.899	0.387	−0.047	−0.124	0.074
Delta_12	0.812	0.521	−0.036	−0.068	0.158
Delta_13	0.919	−0.317	0.002	0.105	0.121

	1	2	3	4	5
Delta_14	0.710	0.679	−0.068	−0.107	−0.078
Delta_15	0.968	−0.089	−0.063	−0.165	−0.119
Delta_16	0.961	0.025	−0.057	−0.107	−0.143
Delta_17	0.907	−0.393	−0.021	−0.080	0.072
Delta_18	0.949	−0.004	−0.051	−0.058	−0.159
Delta_19	0.750	−0.044	0.564	0.056	−0.265
Delta_20	0.903	−0.307	−0.024	0.092	0.055
Theta_1	0.942	−0.107	−0.074	−0.112	−0.236
Theta_2	0.548	−0.043	−0.230	0.556	0.018
Theta_3	0.756	−0.423	0.046	0.261	0.197
Theta_4	0.283	−0.144	−0.150	0.783	−0.118
Theta_5	0.860	0.187	−0.157	0.170	−0.303
Theta_6	0.619	0.705	−0.082	0.171	0.053
Theta_7	0.769	0.437	−0.036	0.275	−0.199
Theta_8	0.747	0.053	−0.013	0.412	0.065
Theta_9	0.714	0.671	−0.047	−0.048	−0.005
Theta_10	0.421	0.386	0.776	−0.044	0.174
Theta_11	0.810	0.529	−0.037	0.093	0.115
Theta_12	0.733	0.579	−0.021	0.098	0.190
Theta_13	0.811	−0.095	0.120	0.411	0.190
Theta_14	0.631	0.707	−0.063	0.144	−0.129
Theta_15	0.956	−0.015	−0.068	0.126	−0.143
Theta_16	0.898	0.159	−0.035	0.162	−0.268
Theta_17	0.934	−0.293	0.030	0.017	0.093
Theta_18	0.908	0.116	−0.020	0.142	−0.175
Theta_19	0.642	0.063	0.642	0.222	−0.273
Theta_20	0.804	−0.113	0.082	0.364	0.027
Beta_1	0.872	−0.415	−0.056	−0.211	−0.067
Beta_2	0.943	−0.238	−0.059	−0.191	−0.061
Beta_3	0.785	−0.598	−0.024	−0.129	0.040
Beta_4	0.818	−0.538	−0.027	−0.159	0.047
Beta_5	0.933	0.097	−0.080	−0.190	−0.226
Beta_6	0.764	0.603	−0.046	−0.129	−0.005
Beta_7	0.927	0.236	−0.053	−0.068	−0.137

	1	2	3	4	5
Beta_8	0.894	−0.415	−0.035	−0.135	0.022
Beta_9	0.764	0.561	−0.059	−0.132	−0.164
Beta_10	0.093	0.023	0.978	−0.071	−0.057
Beta_11	0.975	0.064	−0.059	−0.180	−0.040
Beta_12	0.879	0.419	−0.053	−0.130	0.045
Beta_13	0.893	−0.419	−0.021	0.000	−0.022
Beta_14	0.793	0.521	−0.079	−0.151	−0.204
Beta_15	0.907	−0.341	−0.056	−0.205	−0.067
Beta_16	0.936	−0.280	−0.051	−0.111	−0.082
Beta_17	0.880	−0.447	−0.026	−0.084	−0.018
Beta_18	0.933	−0.289	−0.053	−0.150	−0.083
Beta_19	0.466	−0.150	0.777	0.033	−0.300
Beta_20	0.869	−0.408	−0.020	0.039	−0.036
Gamma_1	0.784	−0.565	−0.042	−0.204	−0.007
Gamma_2	0.890	−0.220	−0.035	−0.050	0.193
Gamma_3	0.818	−0.372	0.035	0.143	0.242
Gamma_4	0.834	−0.445	0.003	−0.038	0.175
Gamma_5	0.931	−0.248	−0.057	−0.191	−0.031
Gamma_6	0.712	0.514	0.018	0.094	0.375
Gamma_7	0.939	−0.120	−0.007	0.010	0.121
Gamma_8	0.797	−0.474	−0.015	−0.008	0.189
Gamma_9	0.568	0.611	0.093	0.018	0.238
Gamma_10	−0.044	0.024	0.382	−0.315	0.478
Gamma_11	0.822	0.406	−0.001	0.082	0.318
Gamma_12	0.553	0.674	−0.022	−0.016	0.299
Gamma_13	0.805	−0.221	0.086	0.366	0.128
Gamma_14	0.677	0.675	−0.048	−0.086	0.082
Gamma_15	0.908	−0.336	−0.043	−0.195	0.024
Gamma_16	0.929	−0.336	−0.007	−0.042	0.052
Gamma_17	0.882	−0.210	0.083	0.264	0.123
Gamma_18	0.858	−0.075	−0.003	0.016	0.121
Gamma_19	0.083	−0.028	0.894	0.094	−0.294
Gamma_20	0.805	−0.183	0.096	0.349	0.091

附表4　80维脑电数据成分权值系数矩阵

	1	2	3	4	5
Delta_1	0.018	−0.011	−0.015	−0.065	−0.072
Delta_2	0.019	0.004	−0.018	−0.040	0.010
Delta_3	0.015	−0.047	0.000	−0.010	0.053
Delta_4	0.016	−0.037	−0.013	0.019	0.033
Delta_5	0.017	0.029	−0.018	−0.042	−0.112
Delta_6	0.013	0.057	−0.010	−0.037	0.048
Delta_7	0.015	0.041	−0.009	0.004	−0.065
Delta_8	0.019	−0.004	−0.006	−0.040	0.030
Delta_9	0.014	0.052	−0.011	−0.042	0.002
Delta_10	0.005	0.016	0.146	−0.080	0.169
Delta_11	0.017	0.032	−0.010	−0.041	0.032
Delta_12	0.016	0.043	−0.008	−0.023	0.069
Delta_13	0.018	−0.026	0.001	0.035	0.053
Delta_14	0.014	0.056	−0.015	−0.035	−0.034
Delta_15	0.019	−0.007	−0.014	−0.055	−0.052
Delta_16	0.019	0.002	−0.012	−0.035	−0.062
Delta_17	0.017	−0.033	−0.005	−0.027	0.031
Delta_18	0.018	0.000	−0.011	−0.019	−0.069
Delta_19	0.014	−0.004	0.123	0.019	−0.115
Delta_20	0.017	−0.025	−0.005	0.030	0.024
Theta_1	0.018	−0.009	−0.016	−0.037	−0.103
Theta_2	0.011	−0.004	−0.050	0.184	0.008
Theta_3	0.015	−0.035	0.010	0.086	0.086
Theta_4	0.005	−0.012	−0.033	0.259	−0.052
Theta_5	0.017	0.016	−0.034	0.056	−0.132
Theta_6	0.012	0.059	−0.018	0.057	0.023
Theta_7	0.015	0.036	−0.008	0.091	−0.087
Theta_8	0.014	0.004	−0.003	0.137	0.028
Theta_9	0.014	0.056	−0.010	−0.016	−0.002
Theta_10	0.008	0.032	0.169	−0.015	0.076
Theta_11	0.016	0.044	−0.008	0.031	0.050
Theta_12	0.014	0.048	−0.005	0.033	0.083
Theta_13	0.016	−0.008	0.026	0.136	0.083
Theta_14	0.012	0.059	−0.014	0.048	−0.056

	1	2	3	4	5
Theta_15	0.018	−0.001	−0.015	0.042	−0.063
Theta_16	0.017	0.013	−0.008	0.054	−0.117
Theta_17	0.018	−0.024	0.007	0.006	0.041
Theta_18	0.017	0.010	−0.004	0.047	−0.076
Theta_19	0.012	0.005	0.140	0.074	−0.119
Theta_20	0.015	−0.009	0.018	0.121	0.012
Beta_1	0.017	−0.034	−0.012	−0.070	−0.029
Beta_2	0.018	−0.020	−0.013	−0.063	−0.027
Beta_3	0.015	−0.050	−0.005	−0.043	0.018
Beta_4	0.016	−0.045	−0.006	−0.053	0.021
Beta_5	0.018	0.008	−0.017	−0.063	−0.099
Beta_6	0.015	0.050	−0.010	−0.043	−0.002
Beta_7	0.018	0.020	−0.012	−0.022	−0.060
Beta_8	0.017	−0.035	−0.008	−0.045	0.010
Beta_9	0.015	0.047	−0.013	−0.044	−0.072
Beta_10	0.002	0.002	0.214	−0.024	−0.025
Beta_11	0.019	0.005	−0.013	−0.060	−0.018
Beta_12	0.017	0.035	−0.012	−0.043	0.020
Beta_13	0.017	−0.035	−0.005	0.000	−0.010
Beta_14	0.015	0.043	−0.017	−0.050	−0.089
Beta_15	0.017	−0.028	−0.012	−0.068	−0.029
Beta_16	0.018	−0.023	−0.011	−0.037	−0.036
Beta_17	0.017	−0.037	−0.006	−0.028	−0.008
Beta_18	0.018	−0.024	−0.011	−0.050	−0.036
Beta_19	0.009	−0.013	0.170	0.011	−0.131
Beta_20	0.017	−0.034	−0.004	0.013	−0.016
Gamma_1	0.015	−0.047	−0.009	−0.067	−0.003
Gamma_2	0.017	−0.018	−0.008	−0.017	0.084
Gamma_3	0.016	−0.031	0.008	0.047	0.105
Gamma_4	0.016	−0.037	0.001	−0.013	0.076
Gamma_5	0.018	−0.021	−0.012	−0.063	−0.014
Gamma_6	0.014	0.043	0.004	0.031	0.164
Gamma_7	0.018	−0.010	−0.001	0.003	0.053
Gamma_8	0.015	−0.039	−0.003	−0.003	0.083

	1	2	3	4	5
Gamma_9	0.011	0.051	0.020	0.006	0.104
Gamma_10	−0.001	0.002	0.083	−0.104	0.208
Gamma_11	0.016	0.034	0.000	0.027	0.139
Gamma_12	0.011	0.056	−0.005	−0.005	0.130
Gamma_13	0.016	−0.018	0.019	0.121	0.056
Gamma_14	0.013	0.056	−0.011	−0.028	0.036
Gamma_15	0.017	−0.028	−0.009	−0.065	0.010
Gamma_16	0.018	−0.028	−0.001	−0.014	0.023
Gamma_17	0.017	−0.017	0.018	0.088	0.054
Gamma_18	0.017	−0.006	−0.001	0.005	0.053
Gamma_19	0.002	−0.002	0.195	0.031	−0.128
Gamma_20	0.016	−0.015	0.021	0.115	0.040